Gaku Mitsumata

自然アクセス
「みんなの自然」をめぐる旅

三俣 学 編著

JN033392

日本評論社

はじめに

　初春にはモモやウメ、そしてサクラ。秋には色とりどりに紅葉するケヤキ、エノキ、イチョウ、モミジなど。日本庭園にかかせない盆栽よろしく手入れされたアカマツやクロマツの大木たち。私が勤めている同志社大学今出川キャンパスの南に隣接する京都御苑は春夏秋冬、およそ5万本の木々や植物が来訪者を楽しませてくれます。御苑のおおよそ中央には、300年を超えるムクノキがあります。その枝は幹で支えられないほどに成長し、丁寧に「支え木」をしつらえてもらって立っています。そこから、東のほうに目をやると、ややこんもりとした標高330mの山肌に浮き出す「大」の字が見えます。毎年お盆に行われる「五山送り火」で有名な右大文字の火床で、そこからは京都市内が眼下に一望できます。大小さまざまな建物や道、目を凝らせば車や人の往来も見えますし、遠くには大阪の高層ビル群も見えます。京都府立植物園、二条城、社寺仏閣の木々は、都市に残るまとまった緑の空間であることがよくわかるのです。南北にすっと伸びている鴨川両岸の木々は、線的に緑空間を形づくっています。こうして火床から緑を眼で追って眺めて見まわしたとき、南北1300m、東西700m、面積65ヘクタールを誇る京都御苑はなんとも堂々たる存在感なのです。そんな京都御苑は、すべての人が立ち入ることのできる、つまり、アクセス可能な憩いの場です。

　市内を流れる鴨川も同様です。風流な納涼床は有名ですが、両岸の河川敷には、流れゆく水面をただじっと眺めている人、友だちと語り合う人、ベビーカーの子どもと夕涼みをする人、ランニ

大文字火床より京都市内を眺める

ングに励む人など、そこには、川辺に集まるさまざまな人たちの
姿があります。春には土手に生育するヨモギ摘み、秋にはギンナ
ン拾いを楽しむ人たちにも出会えます。地下にもぐった鴨川の伏
流水は、京都の湧水（京の名水）として名を馳せてきました。た
とえば、御苑のすぐ東にある梨木神社は、私が勝手に「梨木さん
のお水」と呼んでいる湧水が一般に開放されています。簡素で趣
のある小屋にたたずむ石の井戸側についている蛇口をひねれば、
やわらかくおいしい湧水がいただけます。井戸側上部には竹敷が
ひかれており、その上には「やくそく」と書かれた小さな標示が
あります。この水を利用する人たちに向けた「やくそく」です。
たとえば、大きなサイズの容器の持ち込みをしない、列ができた
場合、約５リットルを目安に最後尾に並び直す、などなど。神主
さんにお尋ねすると、実際には、「やくそく」を守らない人もい
ますし、破壊行為さえあるそうです。新入ゼミ生の１回目のゼミ

梨木さんのお水

は、すでに体験済みの上回生も加わって、この京都御苑の樹木観察と梨木神社のお水もらいから始まります。「なんで御苑はただで入れるの？」とか「梨木さんはどうしてすべての人たちの湧水利用を許してくれているんだろうね」などの問いを、入ゼミしたての２年生にすると、たいていは「ぽかん」と不思議顔になります。しかし、お水を飲むと「おいしい」とおどろいたり、「これ売れるやん」などと言ったり、言葉が出てきます。このように、御苑の樹木や梨木さんのお水は、大学生の学びの場としてのアクセスも受け入れてくれています。

　新型コロナのパンデミックによって、こういったアクセスできる身近な自然の持つ意味の見直しが各国で進んでいるようです。2020年には多くの国々で、ロックダウンや緊急事態宣言が相次いで発令され、人との接触が断たれたばかりか、屋外で体を動かすことも制限されたことは記憶に新しいでしょう。スイスのチュー

リッヒなどをはじめ、じつに多くの都市住民が「わずかな時間でも」と、自宅近くの公園に向かったことが研究雑誌に報告されていました。

　本書は、このような「利用できるメンバーが決まっていないみんなの自然」の持っている意味を考えてみようという趣旨で編まれています。第1章で見ますが、アクセスできるメンバーが決まっている場合、相互に顔見知りになるでしょうし、ルール違反者は注意を受けるなどして是正されていく可能性が高まります。しかし、利用者が不特定多数だとそれは難しい……。けれども、世界各国には、梨木さんのように、すべての人の利用を許容する自然アクセスの世界が広がっています。本書は、そういうしくみを自然アクセス制と呼んで、その現代的な意味を考えてみようというもので、2016年に立ち上げた共同研究で本格化しました。対象は北欧、中欧、英国、米国、日本の8カ国と大風呂敷を広げました。というのも、このような視点からの研究は多くなく、基礎的研究、データを蓄積することに意味があったからです（第10章参照）。新型コロナ感染症拡大の影響もあり、来訪者アンケート調査ができない、あるいは聞き取り調査が不十分になった、ということで各国比較には程遠い状況になってしまいました。しかし、学術論文として刊行できた、あるいは、学会報告できる新しい知見も得られましたので、今回1冊の本として世に送り出すことにしました。その際、私たち執筆者の間では、学術論文をそのまま各章に配する論文集のような形ではなく、ワーズワスの『湖水地方案内』のごとく『自然アクセス案内』を描くような気持ちで編み上げてみよう、ということになりました。「旅のガイドブック」のようにリュックサックやカバンに入れ、自然豊かな場所で読んでいただければ、と思います。

　そんな背景を持っている本書では、以下、4つの見どころを用

意しました。1つ目は、各国の自然環境です。人々はどんな自然を求めてアクセスしているのでしょうか。2つ目は、自然の中で行われている具体的な活動の様子です。国によっては、他人の所有地を歩くだけにとどまらず、ベリーやキノコを摘み、さらにはテントを張ってキャンプをすることまでも許容されています。人々はどれくらい、そしてどのように自然を楽しんでいるのでしょう。3つ目は、上記2点の背景にある文化や慣習です。「みんなの自然」を創り出してきたそれぞれの国には、どのような自然観があるのでしょう。4つ目は、自然アクセスを機能させるしくみです。所有者と利用者、あるいは利用者間のトラブルはいったいどのようにして解決しているのでしょう。そういった見どころを意識して、個性豊かな執筆者が自然アクセス制の世界を描いていきます。感想や批判を賜ることができれば、筆者一同、幸いに思います。

　最後になりましたが、本書の研究を支えてくださった多くの方々に御礼申し上げたいと思います。研究資金面では、基盤研究（B）「自然アクセス制度の国際比較——コモンズ論の新展開にむけて」（研究課題・領域番号16H03009）および「基盤研究（C）Revitalising/Re-imagining the Commons in an Era of Social and Environmental Change: A Next Step in Commons Research」（研究課題・領域番号19K12454）から助成をいただきました。川添拓也さん（2016年当時、兵庫県立大学経済学研究科、現在 NTT データ）は、ドイツ、スイス、米国の調査に同行し映像記録などの協力をいただき、また、プロジェクトの広報誌『Public Access』の編集をはじめ事務局全体の仕事に尽力していただきました。同広報誌には、鈴木龍也さん（龍谷大学）、井上真さん（早稲田大学）、泉留維さん（専修大学）、小川巌さん（エコ・ネットワーク）らが、巻頭メッセージ寄せてくださいました。高村学人さん（立

命館大学）には2017年の法社会学会において議論の場をつくっていただきました。また、2018年の林業経済学会の企画セッション「自然アクセス制の国際比較——コモンズ論の新展開」では、古井戸宏通さん（東京大学）、八巻一成さん（森林総研）、平野悠一郎さん（森林総研）、泉留維さんらにも助力いただきました。自然アクセス制のパネルを立ち上げた2019年 IASC リマ大会では、Margaret M. McKean 名誉教授（Duke University）に多大なる協力と示唆を賜りました。また、現地調査では、Kate Ashbrook さん（Open Spaces Society : General Secretary）、John Powell 教授（University of Gloucestershire）、Niclas Bergiusc 博士（The County Administrative Board of Vastmanland）、Erling Berge 教授、Håvard Steinsholt 教授（Norwegian University of Life Sciences）、Susanne Kaulfuß 署長（Landratsamt Freudenstadt Kreisforstamt）、Priska Bauer 博士（Agrarökonomin und Forscherin für eine ressourcenleichte und tierschonende Esskultur）、Tessa Hegetschweiler 博士（WSL: Swiss Federal Research Institute）、Marcel Hunzlker（同上）、豊田市稲武13財産区の議員のみなさん、京都一周トレイル委員会の松本二郎さんらをはじめ多くの方々にお世話になりました。紙幅に限りがあり、すべてのお名前をあげることができませんが、協力いただきました皆様に御礼申し上げたいと思います。

　本書の企画から出版までのすべての過程においてお世話になった日本評論社の守屋克美さんに対して御礼申し上げます。昨年7月に刊行した『森の経済学』に引き続き、今回も原稿を待たせに待たせてしまいました。守屋さんの強靭な忍耐力と私たちへの叱咤激励がなければ、本書は陽の目を見ることはなかったでしょう。筆者を代表して重ねて感謝の意を表したいと思います。

2023年6月19日

三俣 学

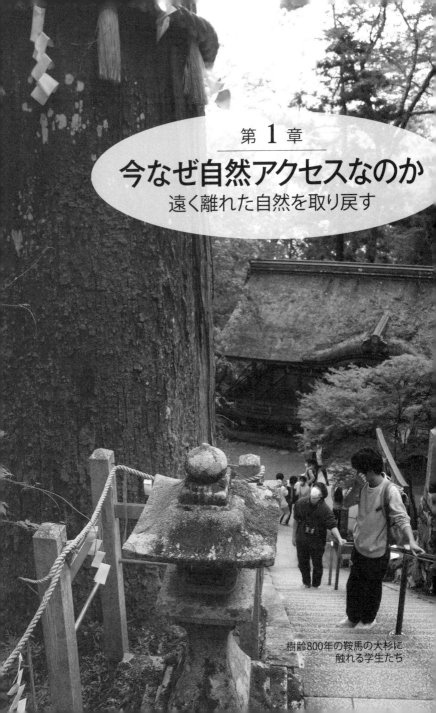

第1章

今なぜ自然アクセスなのか
遠く離れた自然を取り戻す

樹齢800年の鞍馬の大杉に
触れる学生たち

みなさんは、日々の生活で、どれくらい自然に親しんでおられるでしょうか。とくに都市で暮らしている場合であれば、森や川べりを歩いたりすることは少ないかもしれません。今日、あなたが歩いたその道は、土ではなくアスファルトやコンクリートの人工物上だった、という場合が多いのではないでしょうか。こうしてほんのすこし振り返ってみるだけでも、私たちは、ずいぶん自然から遠ざかってしまっていることを感覚として理解できると思います。私が、自然にアクセスすることからはじめる必要があると思うのは、こういった自然離れがとくに若年層において顕著に進んでおり、それをあまり楽観的には考えておけないと感じるからです。以下では、まず若年層が自然から遠くなっているのかについて見ておきたいと思います。

1　どれほど「遠くなった」のか？

■減少する若年層の自然体験

　ここ数年、「遠い自然」という表現をよく耳にするようになりました。この表現には、ある種の危機意識や問題意識が含まれています。そのような危機的な現状を把握する目的で、独立行政法人・国立青少年教育振興機構という組織が、全国的な統計データを取り始めたのは、1998（平成10）年のことです。2019（令和1）年度の同機構による『青少年の体験活動等に関する意識調査（令和元年度調査）報告書』は、全国の公立小・中・高学校761校、児童・生徒1万4477名および保護者1万2742名を対象に実施したアンケート調査に基づいて作成されたものです[1]。これによって、児童・生徒たちにとって、自然がどれくらい遠くなりつつあるのかを知ることができますので、順を追ってみていきましょう。

　図1−1には、さまざまな自然体験が9項目に分けて示されて

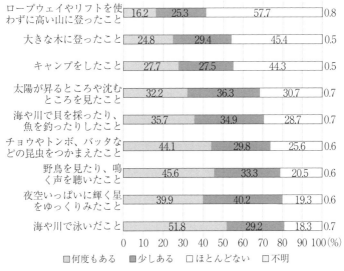

	何度もある	少しある	ほとんどない	不明
ロープウェイやリフトを使わずに高い山に登ったこと	16.2	25.3	57.7	0.8
大きな木に登ったこと	24.8	29.4	45.4	0.5
キャンプをしたこと	27.7	27.5	44.3	0.5
太陽が昇るところや沈むところを見たこと	32.2	36.3	30.7	0.7
海や川で貝を採ったり、魚を釣ったりしたこと	35.7	34.9	28.7	0.7
チョウやトンボ、バッタなどの昆虫をつかまえたこと	44.1	29.8	25.6	0.6
野鳥を見たり、鳴く声を聴いたこと	45.6	33.3	20.5	0.6
夜空いっぱいに輝く星をゆっくりみたこと	39.9	40.2	19.3	0.6
海や川で泳いだこと	51.8	29.2	18.3	0.7

図1-1　若者の自然体験の実態

(出典) 国立青少年教育振興機構 (2021)『青少年の体験活動等に関する意識調査』(2019年度調査) p. 18に基づき作成。

います。これらそれぞれについて、児童・生徒による回答結果が示されています。「ほとんどない」と答えた割合の高い上位3位を見てみると、「ロープウェイやリフトを使わずに高い山に登ったこと」(57.7%)、「大きな木に登ったこと」(45.4%)、「キャンプをしたこと」(44.3%) となっています。それにつづき、「太陽が昇るところや沈むところを見たこと」(30.7%)、「川や海で貝を採ったり、魚を釣ったりしたこと」(28.7%) も、「ほとんどな

---

1) アンケート調査項目は、自然体験だけでなく生活体験や生活習慣など幅広い項目を網羅している。また、海に特化した同種の調査報告（日本財団）があり、海に親しみを感じない10代の若者が42.5%にのぼることが指摘されている（https://uminohi.jp/special/survey2017/）。

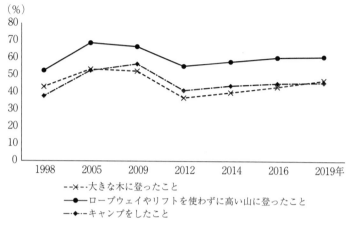

（％）

図1-2 **自然体験について「ほとんどない」と回答した児童・生徒の割合の推移**

（出典）国立青少年教育振興機構（2021）『青少年の体験活動等に関する意識調査』（2019年度調査）p. 22に基づき作成。

い」が約3割におよんでいます。

　ここ20年ほどで、自然体験の実態がどのように変化してきたかについても見ておきます（図1-2）。1998年調査に比べ2005年調査では3項目すべてにおいて「ほとんどない」が増加し、その後、若干減少し、2012年調査以降ふたたび微増傾向、つまり体験の減少傾向が見られます。コロナ禍下にどのように変化したかについては、今後のデータを待つ必要がありますが、たいへん興味深いところです。

　自然観察や採取の項目の変化も見ておきましょう（図1-3）。野鳥観察や昆虫採取については2009年調査まで「ほとんどない」が増加して4割を超えています。2012年度調査時には、減少（体験した割合が増加）したものの、昆虫採取と海や川での採取体験は「ほとんどない」が増加傾向にあります。

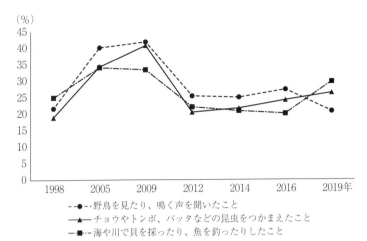

（出典）国立青少年教育振興機構（2021）『青少年の体験活動等に関する意識調査』
（2019年度調査）p. 21に基づき作成。

図1-3　動植物との触れ合い体験について「ほとんどない」と回答した
　　　児童・生徒の割合の推移

　この報告書から、若者の自然離れがたんに自然と触れ合う機会
の減少だけでなく、より深刻な問題に影響をおよぼしているので
はないか、という危機感が伝わってきます。というのも、この報
告書が、幼少期から高校までの自然体験が、児童・生徒のさまざ
まな能力に影響をおよぼしているのではないか、という仮説の検
証を試みる設計になっているからです。

　たとえば、表1-1の質問項目群を得点化することによって、
「自律性」「積極性」「協調性」の高低を定め、自然体験との関係
を探っています。結果は、自然体験が多いほど上記3項目の得点
も高いという結果が出ています。

　さらに、同機構が一次集計データをクロス分析した結果による
と、これら3項目が高いほど、自己肯定感が高く、携帯電話・ス
マートフォンの利用時間が短く、心身の疲労感が低いという傾向

自律性	積極性	協調性
・人の話をきちんと聞く ・ルールを守って行動する ・まわりの人に迷惑をかけずに行動する ・自分でできることは自分でする	・困ったときでも前向きに取り組む ・自分の思ったことをはっきりと言う ・人から言われなくても、自分から進んでやる ・先のことを考えて、自分の計画を立てる	・困っている人がいたときに手助けをする ・友達が悪いことをしていたら、やめさせる ・相手の立場になって考える ・誰とでも協力してグループ活動をする

表1-1 自律的行動習慣に関する指標

出典：国立青少年教育振興機構（2021）『青少年の体験活動等に関する意識調査』（2019年度調査）p.80に基づき作成。

も示されています。さらに興味深いのは、児童・生徒の保護者にもアンケート調査を実施しているのですが、その結果、自然体験が豊富な保護者の子どもほど、自然体験の機会が多いことがわかっているのです[2]。

■時代を超えて引き継がれる危うさ

　このような若者の自然離れは、日本だけでなく他国でも同じ傾向があることを曽我昌史という人が指摘しています[3]。活発な自然アクセスが慣習として息づいているスウェーデンでさえそうであるという指摘もあります[4]。曽我とガストンの研究では、こう

2）さらには、そういった保護者の子どもほど、生活体験（雑巾絞り、料理、子どもの世話など）や、お手伝い（おつかい、ごみだし）をよく行うという結果も示されている。

3）Soga, M., & Gaston, K.J. (2016) "The Extinction of Experience: the Loss of Human-Nature", *Frontiers in Ecology and the Environment*, 14(2), pp. 94-101.

4）エーバ・エングゴード（2019）『スウェーデンにおける野外保育のすべて──「森のムッレ教室」を取り入れた保育実践』高見幸子・光橋翠訳、新評論。

した各国で進む若者の自然離れは次の「二つの喪失」がその原因になっているというのです。

1点目は、自然環境と触れ合う機会自体の喪失です。都市化によってアクセスできる自然自身が減少すれば、自然は物理的におのずと遠くなります。2点目は、自然に対する志向性（orientation）の喪失です。いったんアクセスが途切れてしまうと、自然の中でなにかをしてみようという発想や行動自体が減少しまうのです。逆に言えば、アクセスするからこそ、自然への志向性が保たれるのでしょう。こうして、自然に触れる機会や志向性が減少していくことによって進む「自然体験の消失（extinction of experience）」は、健康・福祉や精神に影響し、自然に対する考えの変化を引き起こし、それらが相互に影響し合って、自然に対する振る舞いに負の影響を与えるのです。この曽我らの研究ではまた、若年層ほど、身近な人の自然離れから受ける影響が強いということも指摘されていますので、若年層の自然離れは、親世代あるいは祖父母世代など、先代からじわじわとつづいてきた「負のフィードバック循環（feedback loops）」による結果でもあるのでしょう（図1-4）。

■体験が商品化されることの危うさ

若年層の自然離れの背景には、養育にかける時間を十分に確保できない親が増加していることもあるようです。そうしたなかで、自然体験サービスをビジネスとして提供する動きも見られます。すこしインターネットで検索してみると、たとえば、休暇中などの一定期間、子どもの自然体験と学習サポートをセットにして請け負うビジネスがおどろくほど多様に提供されています[5]。児童・生徒の自然体験が乏しくなるなかで、そうした機会が提供されること自身、すばらしいことだと思います。ビジネスとして

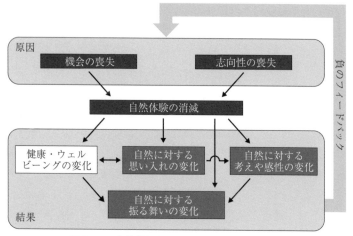

図1-4　自然離れを引き起こす負のスパイラル

出典：Soga and Gaston（2016）に基づき作成。

プロが提供する自然体験は、たしかに快適で安心でしょう。自分で自然アクセスをはじめる第一歩を提供してくれる可能性もおおいにあります。そのような有料サービスを通じての体験が、参加者の大きな成長を促す場となっていることも考えられます。しかし、その対価を払うことのできない世帯の子どもたちはそういった機会を得ることはできません。

上述の国立青少年教育振興機構の報告書でもまた、こうした懸念を示す結果が得られています。つまり、世帯収入が高い児童・生徒ほど、自然体験の機会が多いという実態です（図1-5）。ま

5）昨今、森林の癒し効果やウェルネスなどに目をつけた森林における玉石混交の保健休養ビジネスが展開しているという。詳しくは、上原巌（2016）「"癒しの場"としての都市近郊林の利用の現状と実態──各地における都市近郊林を活用した保健休養の事例」『環境情報科学』第45巻第2号、pp. 9-14。

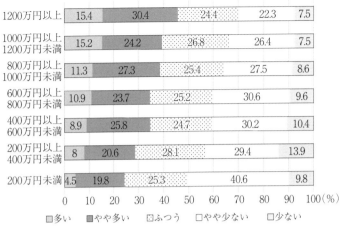

図1-5 世帯年収と自然体験

出典：国立青少年教育振興機構（2021）『青少年の体験活動等に関する意識調査』
（2019年度調査）p.106に基づき作成。

た、商品として売りに出される範囲内での自然体験しかできない
ということでもあるのです。このことは、次の技能の問題にもか
かわってきます。

■生きる技能が奪われることの危うさ

　元来、「天与の恵み」である自然は、わざわざ商品として買わ
なくとも、自分の持っている力で楽しんだり、自分の必要に役立
てたりできるものです。しかし今日、多くの人がその力を失って
いるとすれば、ことはもっと深刻かもしれません。民俗学者の篠
原徹は、技術を道具など人間の外にあるものを利する能力、技能
を身体内に身につけた能力や所作という考え方を示し、その両者
を区別しています[6]。対象が自然であることは、常に変化するこ
とを前提としています。それをうまく利するには、幾度となく、

自然に身を置いた経験を経て得られる技能を自分の身体につけておく必要があります。自然体験の消失は、自然を楽しんだり、必要に応じて使ったりする技能の喪失にもつながっているのかもしれません。商品として購入することが常になれば、自然への親しみが非日常的にもなるでしょう。そういった非日常的なかかわりの中で、技能を養うことは難しいのではないでしょうか。

　自然アクセスを通じた技能が求められる究極の状況は、自然災害時です[7]。自然災害の際には、危険を察知する能力はもとより、被災後、自然から生命をつなぐ術を引き出さなければなりません。その際、身体に宿る技能がなければ、森に行って水や薪を得る発想すら浮かばない、ということにもなりかねません。もちろん、災害時には市場も機能を失う場合が多いわけですから、商品に頼ることはできません。

　こういうことを考えていくと、自然アクセスの衰弱の最も深刻な問題は、人間が生きていくうえで必要な心身両面での力を弱くしてしまうことにあるのかもしれません。アクセスする技能さえあれば生命をつなぐことができる、そういう存在として自然を位置づけているのが次章からはじまる旅先の北欧の世界です。清浄な空気や環境に身をおき、最低限必要な水や薪を拾うためのアクセスは、すべての人が「命をつなぐ最後の砦」として、所有を超えて許されるべきである、という生存権思想が底流していること

6）篠原徹（1998）「民俗の技術とはなにか」『現代民俗の視点1　民俗の技術』（朝倉書店、pp. 1-32）において、篠原は「筆者はいままで不用意に技術と技能を区別せず使用してきた。ここで自己と同一化に向かう等身大の道具を操る知識の総体を技能と呼んで、自己から外化した無機的な道具（機会）をあやつる知識の総体を技術と呼んで区別してみたい」（p. 2）と定義している。

7）齋藤暖生（2022）「自然とつき合う経験を失うことは、人間の生存能力を失っていくこと」『esse-sense』。https://esse-sense.com/articles/63

がわかると思います。

2 なぜこんなに自然が遠くなったのか

　若年層の自然離れは長い時間をかけて再生産されてきた可能性があることを述べました。その背景を成すものとして、農林の営みの工業化とグローバル経済の拡大、それと軌を一にして進んだ私的所有権が強化される過程に目を向けておきます。

　日本の山野海川は、地域住民によって共有や共用の形で、共同利用されてきました（第9章）。たとえば、生活に必要になる燃料や肥料、建材などを山野から得る自給自足的な利用が長らくつづいてきたのです。そのような自然の共同利用のしくみは入会と呼ばれ、住民の持つその権利は入会権と呼ばれています。入会権は、1898（明治31）年に施行された民法において、共同体所有として位置づけられ、今日にいたります[8]。物権の一つですので、とても強い権利として、その地位を位置づけられたことになります。

　しかし、入会権は同時に「封建制の遺物」とも見なされ、その解体消滅政策が明治初年から進められてきました。その際、為政者が繰り返し使った言葉が、自然の「高度利用」です。自然を共同で使う自家消費的な利用やそれを可能にする入会権は「粗放」で「低級」であるという見方です。入会を一掃した先には、森林をビジネスの場とする「高度利用の世界」が広がっていますか

8）民法では、共有の性質を有する入会権が第263条、共有の性質を有さない入会権が第294条に規定されている。両者ともに、第一法源は各地方の慣習であり、前者は共有の規定、後者は地役権の規定に第二法源がある。詳しくは、川島武宜・川井健編（2007）『新版 注釈民法(7)物権 2』（有斐閣）を参照のこと。

ら、みなさん稼いで豊かになりましょう、という筋書きの政策が進んだのです。つまり、地域の共同利用を軸とする「自給的な農林の営み」から、私的経営を軸とする「石油を大量に使う工業化した農林業」への転換を目指したのです。

　森林を産業つまりビジネスの場にするためには、商品となる木材を市場で迅速に交換できる体制が必要になります。商品の主力はスギやヒノキなどの人工林であり、市場での迅速な交換を可能にするものが私的所有権でした。重要な意思決定をする際、メンバー全員の同意を必要とする共同所有は市場での取引には邪魔でしかない、ということなのです。明治以降、日本の森林は木材として商品化されていく一方、共同所有から私的所有への転換が一貫してはかられていったのです。

　その延長上にある現在、日本林業は不振をきわめています。国際林業市場との急速な接続によって安価な外材が大量に関税ゼロで輸入されつづけてきたことに大きな原因があります。森林の商業化路線を進めるためには、国際的に通用する収益性の高い森づくりが必要になります。そのために選ばれた樹種は、規模の経済が働きやすい単一樹種つまりスギやヒノキの人工林（モノカルチャー）でした。なるべく大面積の人工林に、高性能林業機械を用いて皆伐する木材生産体系をつくろうとしたのです。生産の場を確たるものとし、そこから利潤をあげ、資本の増強をはかる体制が、熱心にそして真面目に強化されればされるほど、私的所有権は強固なものとして立ち現れました。

　バブル経済期の都市開発政策を詳しく検討した都市法学者・吉田克己は、日本の所有権の特質を、その強大性と商品化の貫徹にあると指摘しています。同氏は、用地取得の際の企業の私的所有権が、そこで生活を営む市民の私的所有権よりも強い権利として機能し、開発が進められた、と考察しています。吉田は、企業の

開発優先の私的所有のあり方の背後にある為政者の考え方に対して強く批判しています。

その為政者の考え方というのは、大きな経済的利益を生んでこそ「高度利用」が実現されるが、そうでない場合には、所有者は自分の土地を他人の利用に供する義務を負うべき（当該所有者の所有権は制約されるべき）だという主張です[9]。これは、入会消滅を唱導した当時の為政者の考え方とまったく同じです。

戦後日本では、林野だけでなく、暮らしの中で供される山野海川の幸、木材、田畑の産物が囲い込まれていき、グローバル・レベルでの市場で取引可能な商品となっていきました。グローバル市場と接続するかたちでの自然の商品化は、極端になると乱伐か放置のかたちで立ち現れます。そのどちらもが「遠い自然」を生み出します。乱伐は所有者が収益を確たるものとするために他者の排除を徹底します。他方、無関心が社会にまん延すれば自然はさらに遠くなります。

乱伐などの過剰利用は問題として理解しやすいと思いますが、過少利用や放置もまた深刻な問題があります。その典型として、日本の森林をめぐる問題を次に見ておきましょう。

9）吉田は、「'高度利用'の名において権利を拡大される企業の土地利用権をなんら制約せず、反対に、地価の論理の観点から見て不十分な土地利用と評価される市民の土地利用権の制約・否定原理として機能する」（p. 372）考え方だと批判している。法の理論が経済に従属している点に、西欧社会と比べて法の自律性が希薄になっている原因を求めている。同氏は、この点に日本の土地所有権、土地所有の観念的特質を認めている。詳細は、吉田克己（2001）「土地所有権の日本的特質」原田純孝編『日本の都市法Ⅰ——構造と展開』（東京大学出版会、pp. 365-394）。

3 過少利用のパラドックスの内実[10]

■不健全な森の生む災害や病虫害

　自然に対する人の利用圧が減少する過少利用は喜ばしいこととは限りません。むしろ、問題を多く抱えています。まずは人命にかかわる災害です。土砂災害上に悪影響があると指摘されている森林は管理不足の人工林です。人工林は、基本的に木材を生産する目的のモノカルチャーです。

　とくに問題なのは、日本の人工林のおよそ7割を占めるスギやヒノキの植林地で、これらの樹種が林冠を覆うと、林内は草木の生育には適さないほど暗くなってしまいます。適時に間伐されれば、光が林床まである程度射し込み、林床は草や低木で覆われるので、それが森林の土壌を保持する役割を果たします。しかし、間伐作業は費用かかるのに対して木材販売収益は見込めないことが多いことから、必要な間伐がなされず放置された人工林が全国的に広がっているのです。急傾斜地の多い日本の森林の地表が草木で覆われていないとなると、強雨の際、地表の土壌が流出してしまいます。さらに、ひどい降雨があると、森林土壌ごと流下する現象が引き起こされ、このとき流木も大量に発生し、これが被害をさらに激甚化させることも指摘されています。適度な間伐が行われないと、スギやヒノキは幹を太らせることができず、土壌に根を深く張ることもできません。人工林、里山林を問わず、樹幹が重なり込み合った風通しの悪い林内環境では、脆弱なスギやヒノキはもとより、松枯れやナラ枯れなどの病虫害も数多く発生しています。

10）三俣学・齋藤暖生（2012）『森の経済学』日本評論社。

■獣害

　近年、獣害が問題化しています。獣害には、農林業の被害と人的被害があるのですが、前者については、早くから問題が認識され、2008年には鳥獣による農林水産業等にかかわる被害の防止のための特別措置に関する法律が施行されています。人的被害は、クマによる被害が増加傾向を示しています。

　こうした被害の大きな要因には野生動物の増加があります。この問題も人の自然へのアクセスが減ってきたことが一つの要因です。かつては、人間の生活領域が里山と呼ばれる住宅近傍の山野にまでおよび、野生動物の領域との幅広い緩衝帯が広がっていましたが、今は、人間の側が山野の利用から手を引いたために、その緩衝帯が限りなく狭まっているのです。つまり、野生動物と人間社会との「棲み分け」が崩れることによって、アーバン・ベアなどと言われるように、都市部での野生動物と人間のコンフリクトが生じているのです。野生動物が頻繁に人間の生活領域に侵出する背景として、人々が生業のために山に通わなくなったという事情があると指摘されています。日々のおかずとしての山菜やキノコ、燃料源としての薪、肥料としての下草はもとより、狩猟などの山をめぐる多様な生業が姿を消しつつあることが深く関連しているのです。

■生物多様性とアメニティの低下

　獣害発生の要因の一つとされる里山域での人間活動の減少は、生物多様性の低下も招くことが懸念されています。里山域にかつて広がっていた草原は、田畑の肥料、牛馬の飼料、茅葺屋根のカヤを採取するために盛んに利用されていました。つまり、草刈りや火入れをはじめ人間の利用があって維持されるので、その手が止まれば、森に遷移していきます。草原は、今や日本の林野面積

の１％になっています。「野」には、秋の七草のような日本文化に深くかかわる植物があったりするのですが、こうしたなじみぶかい植物を含め、数多くの植物が絶滅の危機にあるとされています。当然ながら、それを食草とするチョウなど、数多くの昆虫の絶滅が懸念されています。草原だけでなく、薪炭林あるいは農用林と言われる森林（二次林）も、薪炭材の利用や柴草・落葉の採取が行われなくなり、生物多様性を低下させています。利用されなくなった里山では、林床近くに草木が繁茂したり、温暖地では常緑広葉樹林への遷移が進んだりして、林床まで陽光が届かなくなります。二次林の利用の衰退で住処を失う植物がいますし、そこに暮らす昆虫もまた住処を失っていきます。

　人の手が入らなくなることで、森の中は暗く、倒木の危険、通行のできない林道なども増え、多くの人にとって快適に過ごせる場所ではなくなっています。日本人が長らく慣れ親しんできた「野」の風景の消失や、温暖な地域では二次林が照葉樹林に遷移することによって、春の新緑や秋の紅葉などが失われる、といった事態になりつつあります。

　先に、自然離れの負の連鎖をみましたが、そういう扱いを受けてきた自然は人にとって近づきがたい状態になっています。そのことがまた、現代の若者の自然離れに拍車をかけているのです。まさしく連鎖です。しかも、そこが「私有」林ならば、なお足は遠のくというものでしょう。

　ここまで、若年層の自然離れと過少利用や放置される自然の持つ問題を見てきました。私たちが自然アクセスの旅に出るのは、これらが看過できない「時代の課題」であると考えているからです。次に、「今なぜ自然アクセスか」を述べるうえで、研究者として私たちが取り組んできたコモンズ論との関係に触れておきます。

4 あらためて問われる「自然は誰のものか」

■見直されるコモンズの力

自然は、それぞれに相互につながり依存しながら、命を支え合ってきました。ながらく人間もこの生命の輪を大きく逸脱しないように、命をつないできました。その術の一つが、自然の恵みを分かち合う共同利用などのコモンズです。しかし、このコモンズを誰もが好き放題使える資源、あるいはしくみととらえるとどうでしょう。「みんなのものだから、大切に使おう」という人もいれば、「誰もが使えるなら、私の意のまま好き放題使おう」と思う人もいるでしょう。

後者の人間像を全面に出して論を展開したのが、アメリカの生物学者のギャレット・ハーディンという人です。彼は、共有や共用の制度下では、誰もがその対象（たとえば共同放牧地）にかかる費用を負担せず得られる利益だけにあずかろうとする「ただ乗り（フリーライダー）」がまん延するので、コモンズは資源枯渇してしまうと説明しました。共有・共用下での枯渇や破壊を不可避なものとして描いた彼の論文のタイトルは、ずばり「コモンズの悲劇」（1968年）です。悲劇の回避策についてのハーディンの考えは、共用や共有をやめ、公的ないし私的に管理すればよいという単純明快なものでした。つまり「公か私か」の二択の解決策です。たしかに、森や河川敷に捨てられたごみを目の当たりにすると、これがよくあてはまるように思えます。ただ、そういったところが決まって共用や共有に服する空間とは限りません。私的や公的な空間でも起こるのではないでしょうか。

こうした疑問を含め、国内外の膨大な研究からわかってきたことは、現実世界を生きるコモンズは利用者が厳格に決まっている

メンバーシップ（主として共同体的所有）の場合が多いということでした。つまり、誰もが利用できるというのではないのです。メンバーシップゆえ、コモンズのメンバーは分配や負担に関するルールを遵守しているかを互いにモニタリングし合い、ルールの違反者に罰則を科すしくみが存在している、というのです。そのような指摘がなされはじめた1980年代以降、コモンズは「悲劇」を招く無秩序なものでなく、むしろ自然環境を持続的に使ううえで示唆に富むものでもあるということ、あるいはコモンズの持つ力をどのように現代社会に合わせたかたちで引き出しうるかという研究が展開しました。「悲劇」でなく「喜劇」のコモンズを模索する動きです[11]。

　とくに、コモンズが持続的な環境資源の管理主体として期待をもって注目されたのは、次のような点にありました。それは、地域の人たちが、再生産の速度など各地で異なるエコロジー的特性を考慮に入れたコモンズの利用ルールや管理ルールを自らの手でつくりあげ、それを実のあるものとして、メンバーが協働しながら運用してきた力です。フリーライドをまん延させるのでなく、それを抑えてきた歴史を持つコモンズの実績に対する期待といってもよいでしょう。そういったルールと運用力が、自治的かつ自発的に生み出されてきたことへの着眼と、それを活かす道への期待だったのです[12]。このようにして、「公でも私でもなく共」と

---

11) *The Drama of the Commons* というタイトルの英書がある。北米において猛烈な勢いで進んだコモンズ研究の一到達点といってよい著作である。そこでは、まさにコモンズが喜劇になる条件が精緻に検討されている。詳細は、以下を参照のこと。『コモンズのドラマ——持続可能な資源管理論の15年』茂木愛一郎・三俣学・泉留維監訳・全米研究評議会編、知泉書館（2012）：Ostrom, Elinor, et al., eds.（2002）*The Drama of the Commons: Committee of the Human Dimensions of Global Change*, National Academy Press.

いうコモンズの再評価は進みました。

■「私」が浸透したコモンズ

「公でも私でもなく共」という表現は、まるで「共」が万能であるかのようにも聞こえますが、そうではありません。少なくとも私は、市場や国家を全否定するコモンズ研究者を知りません。たとえば、日本の研究では、室田武や多辺田政弘らは「公」と「私」の肥大化を制御するために、自然に根ざす共同体による自治領域の拡大をはかる議論を進めました。「公」と「私」の拡大に厳しい批判を呈しながら、「共」の復権を進めそれら三者のバランスを未来に向けて展望しようとしていました[13]。

しかし、それから30年の歳月を経た今、先に述べたコモンズに期待された機能や力は脆弱の一途をたどっているようにみえます。たとえば、高度利用の名のもとで経済利益を求めて造成してきたモノカルチャーの人工林は外材におされて売れなくなり、放置されつつあります。燃材利用などの自給利用をつづける一方、管理もまた村人の協働によってコモンズを維持しているところもありますが、そういったところでも、農山村全体が人口減少でコモンズを維持しにくくなり、苦しんでいます[14]。柔軟性を持って地域資源を自分たちの手で治めてきたしくみや原理が、「私」の原理の拡大強化とそれを政策的に進める「公」の肥大化によって、衰弱さらには消失していく方向で変容しつづけています。

---

12) 加えて、コモンズの処分などの重要な決定は、メンバー全員の同意を必要とする、つまり全員一致を必要とする点も、乱開発を抑止する環境保全的機能として注目された。

13) 室田武（1979）『エネルギーとエントロピーの経済学』（東洋経済新報社）、多辺田政弘（1990）『コモンズの経済学』（学陽書房）などを参照されたい。

こうしたコモンズへの市場原理の浸透は、長らくつづけられてきた「人と森との直接的なかかわり」「人と人との関係」を衰弱させていきます。その結果、コモンズの森には、外套としての「共」、つまり形骸化した入会権だけが残るといった状況も見られます。不当で非道な第三者からの略奪はもとより、努力に見合う収益を確実にできる、また責任の所在を明確にできる私的所有権が大切であることは言うにおよびません。しかし、強靭な私的所有権は、ときに所有メンバー外の、環境を保護したり、その機能を高めたりすることに献身的な協力者を排除する力としても働きます。先に述べた再評価の際に注目されたコモンズの強みは、メンバーシップ、つまり他者を排除し、内部秩序を創る力にありました。その「強み」が、過少利用時代にあってなお、そうでありつづけるでしょうか。むしろ、万人を自然から遠ざけてしまう「弱み」として表出しつつあるように見えます。

　このようにして、私たちはふたたび「自然は誰のものか」という問いに戻らざるを得ません。先に見たローカル・コモンズが持つ力も活かすようなかたちで、遠く離れてしまった自然との距離を縮めることができるでしょうか。こういった問いを探りながら、私たちは、次章からの自然アクセスの旅に出たいと思います。

（三俣 学）

14）もっとも、市場がコモンズの自治を機能させる面がある。日本の入会林野だけでなく世界の少なからぬ地域で、コモンズから得られる収益を村の自治の促進や福利増進のために使ってきた例が多々ある。たとえば、日本の場合、コモンズとしての森のメンテナンスは村人の労働でまかなう一方、得られる収益は水路建設費用、学校施設の整備費用、老人福祉サービスのための費用、集落会館の補修費用など「共益増進」のために使われるしくみが広く見られた。コモンズからの収益で、村で必要な自然資本・社会資本・制度資本、つまり宇沢弘文のいう社会的共通資本を自前で充足してきたのである。

第 2 章

ノルウェーの旅
万人権が紡ぎ出す人と自然の関係

冬にアクセス可能な農地といつもアクセス可能な森林

1　旅の準備

　第2章では、人と自然をつなぐ旅として、ノルウェーに向かいたいと思います。ノルウェーには、万人権というたいへん特徴的なしくみがあります。この章では、筆者が2018年3月〜19年3月までの1年間、ノルウェー生命科学大学（Norwegian University of Life Sciences）に研究滞在した際の体験をもとに、ノルウェーの人々の自然との付き合い方に迫ってみたいと思います[1]。

　まず旅の準備として、万人権とはなにかについて、簡単に見ていきたいと思います。万人権と聞いて皆さんはどのような権利を思い浮かべますか。万人の権利ですから、基本的人権のようなものを思い浮かべた方も多いのではないでしょうか。万人権は、ノルウェー語の allemannsrett を訳したものです。ゲルマン語派に属するノルウェー語は、英語とも親戚の関係にありますから、英語読みで意味を推測できる場合があります。allemannsrett の場合はまさにそうで、英語読みでは all man's right となり、万人権と訳しています。その意味するところは、自然を破壊したり、他人に損害を与えたりしないという条件のもと、他人の所有する土地に自由に立ち入り、自然環境を享受する権利です。意味内容を伝わりやすくするため、自然環境享受権などの訳語をあてる研究者もいます。自然環境を楽しむための権利に、あたかも基本的人権のような語感をともなう万人権という言葉をあてていること自体に、ノルウェーの人と自然との関係がよく現れていると考えられます。筆者が万人権という訳にこだわる理由はここにありま

1）この研究滞在は、科学研究費助成事業：国際共同研究強化（代表：嶋田大作）の助成を受けて実施した。

す。

　この万人権は、古くから北欧諸国で慣習として認められてきた制度で、他のヨーロッパ諸国にもこれに近い制度があります。なかでもノルウェー、そしてスウェーデン（第3章）とフィンランド（第4章）では、類似の制度があり、最も強固なかたちでアクセスが認められています。ノルウェーでは、1957年に野外生活法という法律ができ、万人権のもとで人々が、どのような環境でなにができるのか、かなり明確なルールが定められました。一方、スウェーデンでは、あえて法制化しないという道が選択されました。このように、類似したアクセス制度を持つ3カ国の間でも、法制化という点では異なった対応がとられています[2]。

　ここからは、ノルウェーで実際に万人権がどのように行使され、人と自然の関係が紡ぎ出されているのか、四季の移ろいとともに1年間の旅に出たいと思います。

2　万人権の実際——春

　筆者がノルウェーに降り立った3月15日は、大学のあるオース市（Ås）、オスロ市（Oslo）から南に約20km）はまだ分厚い雪に覆われており、雪が完全に融けるまでは1カ月以上待たなければなりませんでした。到着早々、ノルウェー人の知人が、当面の間必要になりそうなものを持ってきてくれました。大学のゲストハウスには、普通に生活をするうえで最低限必要なものは一通り揃っているのですが、小さな子どもたち（当時1歳と4歳の娘）がい

2）これら3カ国の制度面での違いは、以下の文献を参照。嶋田大作・齋藤暖生・三俣学（2010）「万人権による自然資源利用——ノルウェー・スウェーデン・フィンランドの事例を基に」三俣学・菅豊・井上真編『ローカル・コモンズの可能性——自治と環境の新たな関係』ミネルヴァ書房。

る私たち家族にとっては、雪の上でも通行できるベビーカーなどはすぐに、自分たちで買い揃えることはできないので、たいへん助かりました。

　持ってきていただいたものの中に、ソリが含まれていました。これには大きな意味がありました。子どもたちにとっては、はじめての長時間フライトでの疲れ、そして、これからはじまる幼稚園での生活への不安など、大きな負荷がかかっていたと思います。とくにノルウェー語がまったく話せない娘にとって、1年間現地の幼稚園に通うことは、たいへんな不安をともなうものだと予想されました。自然の中で、ソリを使って思いっきり遊ぶことは、こうした心身の疲れや不安を吹き飛ばす効果があったと思われます。実際に、北欧では、人々が自然の中でレクリエーションを行うことが心身の健康の増進に貢献することに着目した研究が行われています[3]。

　ソリ遊びというと、奈良で生まれ育った筆者には、泊りがけでスキー場などに行ってするものというイメージがありました。ところが、ノルウェーには万人権があるので、身近なところで簡単にソリ遊びができます。筆者が滞在していたゲストハウスのまわりには、広大な農地があり、そこでソリ遊びに興じることができました（写真2-1）。

　前述のとおり、万人権の基本的な考え方は、自然を破壊したり、他人に損害を与えたりしないという条件のもと、他人の所有する土地に自由に立ち入り、自然環境を享受することができると

3）その一例として、以下の文献を参照。Norman, J., Annerstedt, M., Boman, M. & Mattsson, L.（2010）Influence of Outdoor Recreation on Self-rated Human Health: Comparing Three Categories of Swedish Recreationists, *Scandinavian Journal of Forest Research*, 25(3), pp. 234-244. DOI: 10. 1080/02827581.2010.485999

写真 2-1　雪で覆われた冬季には万人権の対象になる広大な農地（2018年3月オース市）

いうものです。当然ながら、耕作期間中に農地に他人がレクリエーション目的で立ち入ると、作物の育成に支障が出る可能性があるため、これは万人権では認められていません。しかし、農地が雪で覆われている期間は、人がスキーやソリで通行したとしても、農地に深刻な被害がおよぶとは考えられませんので、万人権が適用されます。ノルウェーでは、このことが、野外生活法に明記されています。

　第3条　耕地におけるアクセスおよび通行
　地面が凍結もしくは雪で覆われている時期（4月30日から10月14日までの間は除く）には、万人に、耕地を通行または利用する権利が与えられている[4]。

　筆者の家族は、雪が消えるまでの1カ月間、何度もソリ遊びを

写真 2 - 2　大学周辺の住宅地での薪づくり（2018年 3 月）

楽しむことができました。これは、森林や農地といった身近な環境にアクセスできるからこそで、日々の生活の中にあるちょっとした時間を活用して、思い立ったらいつでも、気軽に実施できる点がすばらしいと思いました。万人権があるおかげで、自然へのアクセスが非日常の特別な体験ではなく、日常の中の一部になるのです。万人権の要諦はここにあると筆者は考えます。

　この時期に印象に残ったことをもう一つあげると、それは、薪づくりに勤しむ人々の姿です。大学周辺の住宅街を歩いていると、薪割をしている人の姿を目にすることがたびたびありました。写真 2 - 2 はその住宅街で撮影したものです。手前に白樺の丸太、おが屑が雪面に広がっている場所を挟んで玉切り（丸太を

4 ）ノルウェー政府が公開している英文での法令データベース（https://www.regjeringen.no/en/dokumenter/outdoor-recreation-act/id172932/）の条文を筆者が翻訳。

薪の長さに切ったもの)、その奥に割られた薪が積まれています。作業が現在進行形であることがよくわかります。同僚の大学教員の話によると、ノルウェーでは、残雪がなくなるまでに、来年の冬の薪、より念入りに乾燥させる人は再来年の冬の薪の準備をするのが一般的な薪づくりのサイクルだそうです。

　筆者の目視での観察によると、大学付近の住宅街では、ほぼすべての一戸建て住宅に煙突があり、薪棚もほとんどの家で見られました。ちなみに、筆者は大学のゲストハウスを借りていましたが、そこにも薪ストーブが備え付けられていました。住宅に薪ストーブが設置されていることは、一般的なことのようです。

　ちなみに筆者による目視の観察は、大幅には間違っていないようで、ノルウェー政府統計局のデータ[5]によると滞在していた2019年時点で、薪を暖房に使用している世帯は約114万世帯あります[6]。同時点のノルウェーでの世帯数が約244万世帯で、ノルウェーでも都市部を中心に集合住宅や単身者世帯が増加しつつあることを考えると、約47%もの世帯で薪を暖房に使用しているというのは、日本人の感覚からするとたいへん多いと思われます。また薪の使用量によるデータも政府によって公開されています。冬の寒さによって薪の使用量は大きく増減し、2005年から2021年までの17年間のデータで見ますと、最も多い2010年の146万トンから最も少ない2019年の83.7万トンまで大きな開きがあります。この期間の平均は、115万トンであり、薪を使用している世帯では、1世帯平均1トン強の薪を1年間に使用していることになり

5）ノルウェー政府統計局ウェブサイト https://www.ssb.no/en/statbank/table/09703/tableViewLayout1/

6）暖房器具別の内訳は、1998年以降のクリーンバーン式の薪ストーブを使用している世帯が約67%、旧式の薪ストーブが約28%、開放式の暖炉が約5%となっている。

ます。

　大学のゲストハウスに設置されていた薪ストーブは旧式のもの
でしたが、かねてより、薪ストーブに強い関心を持っていた筆者
はさっそくこれを使ってみることにしました。手っ取り早い方法
として、万人権を行使して、近くの森で落枝を拾い、焚き付けに
使いました。薪は販売されているものを購入しました。薪は、冬
の時期はほとんどのガソリンスタンドで販売されており、いつで
も入手可能ですが、こちらはやや割高です。同僚の先生の話によ
ると、いちばん安く薪を購入する方法としては、森林を所有する
農家から直接購入する方法で、ノルウェーでは一般的な方法だそ
うです。丸太のまま、玉切りの状態、割られた状態（乾燥済み、
未乾燥）とさまざまで、価格も交渉で決まります。トラックまた
は牽引荷台一杯分という単位で販売されているそうです。この購
入方法に興味がありましたが、1年間に大学内のゲストハウスを
2度引っ越さなければならない筆者には、保管スペースの問題も
含めてハードルが高く、断念しました。ガソリンスタンドよりは
割安で、農家からの購入よりは手軽な方法として、大型のホーム
センターのようなところでの購入があり、筆者はこの方法で購入
しました。

　以上、ノルウェー到着直後の春の時期に筆者が万人権について
体験したことのうち、ソリ遊びと薪に焦点を絞って紹介してきま
した。ノルウェーでは、人々が自然の中に身を置き、自然そのも
のを楽しんだり、森林資源を自らの体を動かしながら活用したり
して、日々の暮らしを彩り豊かなものにしている様子をうかがい
しることができました。また、万人権があることにより、自然へ
のアクセスが日常生活に組み込まれていることがわかります。

3 夏のベリー摘み

　旅のハイライトは、夏のベリー摘みです。万人権では、自生するベリーやキノコなどの採取も認められており、私たち家族もこれを楽しみにしていました。心待ちにしていたベリーシーズンは、予想外のかたちで到来しました。6月末のある日、自宅（大学のゲストハウス）の駐車場に車を止めたとき、フェンス際にラズベリーが実っているのに気がつきました[7]。時間がなかったので、すこしだけ収穫しました。よく熟したものは口の中でとろけるような舌触りで、甘く芳香もとても豊かでした。ベリー摘みは、ピクニックやハイキングのように何日も前から計画や準備をして行うレクリエーションだと思っていたので、あまりにも身近なところで簡単にベリー摘みができてしまい、不意をつかれた感がありました。

　おどろいていたのも束の間、翌日にはそのベリーの木が無残にもバッサリ伐り倒されているのを発見しました。それも、1本だけではなく、端から端まで何本ものラズベリーの木がたわわに実をつけたまま伐り倒されていました。道路管理の一環で、雑草といっしょに刈り払われたようです。通行の支障になるような場所でもなく、むしろフェンス際でとても刈りにくい場所でしたが、道路際の雑草といっしょに刈り払われていました。あのおいしいラズベリーを、しかもちょうど、完熟の実をつけている状態で雑

7）筆者が滞在した2018年のノルウェーの夏は記録的な少雨・猛暑であった。この暑さが、ベリーにどういう影響を与えるのかを同僚に聞いてみたところ、この時期に収穫期を迎えているのは、例年と比べてかなり早く、ベリーは小粒になっているが、そのぶん、甘みは強いということであった。

草として刈り払うとは、なんともったいないことかとそのときは感じました。しかし、後ほど気づいたことですが、この事実こそが、ノルウェーでは、ベリーはいくら採っても採りきれないほど豊富にあることの証左なのです。

　このように、突然やってきたベリーシーズンでしたが、それをより意識させてくれたのは、写真2-3のような新聞折り込みチラシでした。ベリー摘みを楽しむためのさまざまな道具が1面全体を使って特集されています。中央上部（丸囲み）にあるのは、Bærplukker で、英語に訳すと、berry picker となり、ブルーベリーを効率よく摘み取る器具です。その他、ジャムの瓶やタッパーなどもあります。ベリーバケツなるものもあり、5リットルと10リットルのものが載っています。バケツに入れるくらいたくさん摘むということを示しています。実際、森の中では、ベリー摘み器とバケツを持ってベリー摘みに興じているノルウェー人を見ることが何度もありました。

　実際に近所のお店（日本のホームセンターのような所）に行ってみると、入り口からすぐのレジの前で、ワゴンで特売されていました。手はじめにベリー摘み器と Bærrenser というベリー選別器具を購入しました。ちなみに、このベリー摘み器にはいろいろなバリエーションがあり、現在売られている物は、プラスチック製で、歯の部分が金属でできているものがほとんどですが、骨董市などに行くと古い木製の物も売られており、帰国までに新旧4つも購入してしまいました。これらは持ち帰り、研究室に展示しています。

　この器具の効果は大きく、わずか1時間未満のベリー採取でも、1キロから2キロは採れるようになりました。ノルウェーでは、夏の間にたくさん収穫して、1年分のジャムをつくり、ストックしておいたり、クリスマス用のホロムイイチゴ（クラウドベ

写真 2 - 3　ベリー摘みを楽しむための道具に関する広告

写真 2 - 4　キノコ識別所（2019年 8 月ソグンスヴァン駅付近）

リー）などを冷凍保存したりする人も多いそうです。実際、共同研究者のホーバルト（Håvard Steinsholt）先生は、そのようにされており、ランチのときは、大学のランチルームに自作のジャムの瓶をいつも持ってきておられました。また、さまざまな料理にもベリーが使われており、文化に深く根差したレクリエーションであることがわかりました。

　6 月末にはじまったベリーシーズンは、9 月の初旬まで楽しむことができました。この間、近所の森から、国立公園のような奥山まで、さまざまな場所でベリー摘みを楽しみました。その際、森で他の人がベリー摘みをしている姿を見かけることはありましたが、ベリーの量は非常に豊富で、土地所有者とのトラブルになったり、他の利用者と競合したりするようなことは一度もありませんでした。この点に関しては、人口密度の問題に触れておく必

要があります。ノルウェーの国土面積は、約38.5万 km^2 と[8]日本と同じくらいですが、人口は、筆者が滞在していた2018年時点で約530万人です。つまり、人口密度は、日本の20分の1以下なので、自然資源への利用圧を考えるうえで、前提条件が日本とは大きく異なります。

　万人権を基にした採取活動でもう一つ興味深いのは、キノコです。上述のとおり、ベリー摘みは、ノルウェー人に非常に深く浸透したレクリエーションといえますが、キノコ採りに関してはそうとはいえません。キノコ採りを古くから楽しんでいたフィンランドの人々と違い、ノルウェーの人々にとってキノコ採りは比較的新しい文化なのです。このキノコ採りについて、たいへん興味深いのは、ノルウェー・キノコ協会という非営利組織が実施しているキノコ識別所（Soppkontroll）という取り組みです（写真 2 - 4）。

　首都オスロの地下鉄は、いくつか路線がありますが、その終着駅が森の中にあり、自然へのアクセスポイントになっている駅があります。ソグンスヴァン（Sognsvann）駅もその一つで、週末になると多くの市民で賑わいます。筆者がキノコ識別所の取り組みを知ったのは、この場所でした。黄緑色のベストを着た人々がボランティアでキノコの識別をしている専門家です。利用者は、自分が森で採ってきたキノコを籠ごと識別所に持ち込むと、専門家が食べられるキノコかどうかを一つひとつ識別し、必要に応じて解説します。このサービスは、キノコ識別所が開設されているときであれば、誰でも無料で利用できます。筆者が観察している間も、絶えず利用者の行列ができていました。新しい自然利用の文化が生まれる過程として、たいへん興味深いものです。

8）内訳は、本土が32.4万 km^2、スヴァールバル諸島が6.1万 km^2。

4 幼児教育と万人権

　秋は、日に日に日照時間が短くなり、また雨や雪の日が多く、暗くどんよりとした雰囲気になります。実際に、この時期には季節性のうつになる人も多いといわれています。それなら冬のほうがたいへんなのではないか、と思われるかもしれませんが、12月に入ると街はクリスマス一色になり、とてもはなやいだ雰囲気になります。また、冬は雪が積もっているため、意外と明るく、天候も安定し、クロスカントリースキーなど、さまざまなアウトドア・アクティビティが楽しめます。

　一方の秋は、まだ雪が積もりきらずに、足元はぬかるみ、ハイキングなども楽しみにくい季節と、日本人の私には感じられます。天候のせいでハイキングが楽しくないのなら、それは装備が悪いから。ノルウェーでよく耳にした言葉です。これを本当に実感したのが、長女の幼稚園での出来事です。

　長女は、大学に隣接する現地の幼稚園に4月から通いはじめ、夏前には基本的なノルウェー語でのコミュニケーションができるようになっていました。こちらの幼稚園では、徒歩で1kmほどの森に週に1～2回出かけていき、そこで1日を過ごします（写真2-5）。これはノルウェーの幼稚園では一般的なことのようです。森での活動は、雨や雪でも行われ、もちろん秋の間も休むことはありません。園児は、防水性のブーツ、防水・防寒のウェアで登園することが求められ、万が一に濡れた場合に備えて、替えの靴下や下着も必携です。寒い秋の日には、先生が焚火を起こしてくれ、ランチタイムには、その焚火で温めたスープが提供されることもあるようで、長女がそのときの様子を楽しそうに話してくれました。

写真2-5　幼稚園から毎週訪れる森での様子（オーケバッケ（Åkebakke）幼稚園から提供された写真を許可を得て掲載、2018年10月）

　また、森に行く以外にも、自然や生き物に関心を持つような機会はたいへん充実していました。幼稚園で過ごす日も、広い園庭で遊ぶ時間は長いですし、またこの幼稚園ではコンポストに取り組んでおり、サーモグラフィで発酵熱について学んだり、ミミズを実際に触ったりして、食と農の循環について学んでいる様子でした。

　幼稚園や小学校について、すこし話はそれますが、ここで触れておきたいことがあります。それは、これらの校庭が、放課後や休日などの間、人々に開放されていることです。幼稚園の場合は、園児が出ていく可能性もあるので、柵とゲートに囲まれていますが、小学校以上はそもそも柵やゲートがありません。幼稚園も、柵やゲートがあるとはいえ、施錠はされておらず、放課後や休日には、誰でも自由に立ち入り、遊ぶことができます。オース駅に近い小学校では、冬の間、校庭に水が撒かれ、臨時のスケー

トリンクができ、老若男女がスケートを楽しんでいました。このように校庭は、地域の子どもたちやさまざまな年齢の人々が自由に立ち入り、体を動かしたり、いっしょに遊んだりする憩いの場となっています。

　対する日本の現状はどうでしょうか。筆者には高校1年生のお正月の苦い思い出があります。私は小学生から高校生まで野球をしていたのですが、高校1年生のお正月に、別々の高校で野球をつづけていた中学校の野球部の友人が集まり、中学校のフェンスを乗り越えグラウンドに侵入し、キャッチボールをしながら旧交を温めていました。すると、「野球部の卒業生がグラウンドに侵入している」と通報があったのか、野球部の監督だった先生が駆け付けてこられ、たいへん厳しいお叱りを受けました。

　今から思うと、正月休み中にもかかわらず、卒業生のことで呼び出され、グラウンドから追い払う役割を負わされた先生にはたいへん申し訳ないことをしたと反省しています。また、事前に申請などをしていれば、許可された可能性もあるのではないかと反省するのですが、卒業生が母校に自由に立ち入ることもできないというのは、ノルウェーの実情などと比較すると、残念なことに思えます。

　日本では、森川海といった自然環境だけでなく、子どもが外で遊ぶための魅力的な場所がどんどん減少しているように思います。せめて学校くらいは、自由に遊べる場所として確保できないのかといつも思っています。管理者責任の問題という、自然アクセスを考える際に直面するのと同じ問題が学校の開放の問題として横たわっているのではないか、そうだとすれば、北欧諸国ではこうした問題をどう解決しているのか、興味深い点です。

　話を本題に戻すと、ノルウェーでは、幼稚園などの教育機関での活動を通じて、自然への関心や自然の中での振る舞い方を学ぶ

機会が提供されていることがわかります。本書の著者のうち、齋藤・三俣・嶋田らの共同研究[9]（第3章）によると、自然環境のもとで、ベリー摘みやキノコ採りなどの採取活動を楽しむための知識や慣習は、家族の活動を通じて学習されるという結果が示されていますが、教育機関での活動は、それを補う役割を果たしていると考えられます。少なくとも、移民については、両親がそういう文化を持たない可能性があり、たいへん重要な役割を果たしていると考えられます。実際、私の長女は、幼稚園での活動を通じて、日本人の親が教えることができないようなさまざまな経験を積むことができました。

　こうした、教育機関での啓蒙は、自然との関係が断絶しつつある日本においては、参考にできる部分が大きいと思われます。ただ、文化的・自然的条件が大きく異なる部分もあるので、どのようにすれば日本に適用することができるのか、工夫が重要になってくると考えられます。

5　冬の万人権

　旅の最後は、冬です。いつからが冬かと言われるといろいろな意見があると思いますが、筆者の滞在記や写真を見返してみると、オース市では2018年10月30日に初積雪があり、10cmほど積もったとあります。子どもたちは大喜びで通園し、幼稚園ではさっそく園庭でソリ遊びをしたようです（写真2-6）。この雪は、万人権にとって重要な意味を持ちます。冒頭でも書いたとおり、

---

9) Saito, H., Mitsumata, G., Bergius, N. & Shimada, D.（2023）"People's Outdoor Behavior and Norm Based on the Right of Public Access: A Questionnaire Survey in Sweden", *Journal of Forest Research*, 28(1), pp. 19-24. DOI: 10.1080/13416979.2022.2123301

写真2-6　広い園庭での雪遊び（オーケバッケ幼稚園から提供された写真を許可を得て掲載、2018年10月）

雪に覆われている期間は、農地も万人権の対象になり、アクセスできる場所が大幅に広がるからです。

　この積雪期に人々が楽しむ野外レクリエーションの筆頭にあげられるのはやはりスキーです。それも、アルペンスキーではなく、クロスカントリースキーです。日本では、スキーというとゲレンデなどの斜面を滑降するアルペンスキーが一般的ですが、ノルウェーでは、登りや下りを含む比較的平坦な地形で楽しむクロスカントリースキーが広く親しまれています。

　クロスカントリースキーでは、雪が積もっているさまざまな場所が対象になるので、歩道や大学のキャンパス内をスキーで移動している人も頻繁に見かけました。雪で覆われている間は、農地も万人権の対象になることから、オース市のような田舎町では、農地や森林など、景観を構成するほとんどの場所をクロスカント

リースキーで自由に移動できることになります。また、スキー板を裸のまま電車やバスに持ち込む人を見かけることもあり、駅を降りたらスキーで移動という姿を見かけることもめずらしくありません。筆者の同僚でも、冬の間は条件がよければスキーで通勤するという先生がおられ、スキーが元来持っていたと思われる移動手段という側面を実際に垣間見ることができました。

　12月になると、筆者の長女は幼稚園から週に1回スキースクールに連れていってもらい、また普段から園庭やその周辺でスキーをして遊ぶようになったため、あっという間に基本的な走法は習得できました。この冬にやっと2歳になったばかりの次女にはスキーはすこし早かったのですが、妻と私も知人に用具一式を冬の間中ずっとお借りすることができたので、おおいに楽しむことにしました。

　実際に経験してわかったことがたくさんあります。まず、万人権があるおかげで日常生活の一部としてクロスカントリースキーが楽しめることです。筆者の滞在していた大学のゲストハウスも道を挟んで向かい側が農地だったので、家を出て1分程度でスキーをはじめることができました。また、クロスカントリースキーは、ジョギングのような負荷なので、30分程度でも満足感が得られます。お昼休みや仕事が終わってからのちょっとした時間でも楽しめる気軽さがあります。また犬の散歩としてクロスカントリースキーをされている方も見かけました。12月頃の日照時間がまだ短い時期は、平日の夕方に、ヘッドライトをつけて、一人で黙々とクロスカントリースキーをする人をよく見かけました。また、照明付きのトラックもあり、こちらはより競技に近いかたちで、滑走する人々に利用されていました。他方、休日は家族でゆっくりと楽しむ方の姿が多く、日常の運動や家族のレクリエーションとして定着していることがわかりました。

写真 2 - 7　万人権のおかげで混雑とは無縁のクロスカントリースキー
（2019年 2 月）

　また、万人権があるので、アクセスできる範囲が非常に広く、利用者が分散するので、混雑することがありません。見渡すかぎりの景観に自分しかおらず、聞こえる音は自分の呼吸音だけという環境は本当に気持ちのよいものでした（写真 2 - 7）。また、お金をかけずに楽しめるという点も、日常に根差したレクリエーションとしては魅力的だと感じました。

　筆者が所属していた学科では、同じフロアにオフィスがある教員で、都合のつく人だけが集まって、コモンルームでいっしょにお弁当を食べるというのが習慣となっていたのですが、冬の間は、降雪量や気温など、スキーコンディションがランチタイムの話題になることがたびたびありました。また、降雪直後の快晴の日には、午後に自分のオフィスで仕事をしていると、同僚の先生が帰り際にノックをして、「ダイサク、こんないい天気のときにオフィスで仕事をしているのはもったいない。今すぐ帰ってスキ

ーに行ったほうがいい」とわざわざ声をかけてくれる先生もいました。ノルウェーの人々にとって、スキーが冬の間の生活のかなりの比重を占めていることがよくわかりました。

　また、この時期、凍りついた湖でスケートをするのも野外レクリエーションの一つとなっています。ここで、11月末のある週末のランチタイムでの出来事を紹介します。同僚の先生が、週末に13歳の娘さんと家の近くの湖でスケートをしたといって、そのときに先生が撮影した動画を見せてくれました。

　11月だったので、まだ氷が十分ではなかったという説明があり、実際、動画からは、ピキピキピキと危なげな音が聞こえてきます。しばらく見ていると、娘さんが氷の中に転落しました。氷が割れたのです。娘さんは、懸命に立ち泳ぎをしています。父であるその先生は、ノルウェー語で何か言っていますが、助けに行く様子はなく、撮影をつづけています。娘さんはなにかを取り出し、それを氷に突き刺し、這い上がってきて、スケートをしながら岸まで戻ってきました。

　動画はここで終わり、先生の解説が始まります。それによると、これは、氷が割れて、水の中に落ちたときのための訓練だとのことです。天然氷の上でスケートを楽しむ際は、命を守るために、ヘルメットを着用することは当然として、脱出用のピック、ロープ、浮き輪にもなるバックパックをかならず携行するのだそうです。ピックがなければ、濡れた氷はよく滑るため、自力で這い上がることはまず不可能だそうです。凍りついた湖の水温はとても低く、あっという間に体温を奪い、生命に危険をおよぼします。救助を待っている時間はなく、自分で脱出する必要があるそうです。もっと氷が厚くなり、割れる心配がまったくなくなったころには、氷には硬い割れ目や段差ができて、高速で滑走しているときには、今度は、それが危険になるのだといいます。

この先生の話には、レクリエーションをする場所の管理者責任という発想は微塵も感じられませんでした。対象となる自然環境のリスクを自分で判断し、万が一の場合の自分の身の安全は自分で確保できるよう最大限の準備をしたうえで、自然を楽しむという姿勢が伝わってきました。すべてのノルウェー人がこうしたレクリエーションをしているわけではありませんが、この先生の話を聞いて、ノルウェーの人々の自然とのかかわり方、気概を垣間見た気がします。

6 まとめ——万人権の実像

以上で、ノルウェーの万人権を通じた自然アクセスについての、1年の旅が終わりました。これは、私自身の1年間の滞在を通じて見たり、経験したりした範囲の知見であり、ノルウェーの人々が実践している自然アクセスのほんの一端にすぎません。しかし、そこに暮らし、可能なかぎりさまざまなことを自分自身で体験してみたからこそ見えてきたこともあったのではないかと思っています。このパートでは、それをまとめてみたいと思います。

まず最初に言えることは、万人権による自然アクセスは、四季を通じて、ノルウェー人の暮らし・文化に深く根づいているということです。季節によって大きく姿を変える自然に対応して、冬場は農地もアクセスの対象にするなど、万人権もその権利の内容を変えながら、さまざまな活動が行われていることを見てきました。これらは、食料を得るためのベリー摘み、移動のためのスキーのように、古来からの生活文化に根差したものが、その意味合いを残しつつ、現在のライフスタイルに適応するレクリエーションにかたちを変えているということです。

2つ目は、万人権は、自然へのアクセスを、非日常の特別な体験ではなく、日常のものにしているということです。この章で見てきたとおり、ノルウェーでは1年を通じてさまざまな野外レクリエーションが行われていますが、すべて身近な自然で実施可能だということです。もちろん、非日常の特別な体験として実施される野外レクリエーションもあり、そこにおいても万人権は重要な役割を果たしていますが、それらは、国立公園制度など、日本や北米の制度でも実施可能です。他方、身近な自然にアクセスする権利があるというのは、万人権の真価が最も発揮されている部分ではないでしょうか。

　3つ目は、自然アクセスをめぐってコンフリクトが顕在化することは稀だということです。これは、先に言及した調査[10]でも指摘されている点ですし、実際に私がアクセスを行使するなかで、そのような場面に出くわすことは一度もありませんでした。これは、夏のベリー摘みのところで述べたように、資源量が豊富で人口密度が低いということが関係していますが、同時に、コンフリクトを生まないための自然の中での過ごし方が広く定着していることも大事だと思われます。こうした文化は、家庭内で伝承されることが中心ですが、それを補うさまざまな取り組みが教育機関や非営利組織によって行われています。

　最後に、日本への示唆について言及したいと思います。本章で述べてきたノルウェーの人々の自然とのかかわり方は、自然離れが大きく進展する日本にとって、学ぶ点が大きいと筆者は考えています。もちろん、本章で繰り返し述べてきたように、日本とノルウェーでは、自然環境や人口密度から文化や法体系まで異なる部分が多々あります。そうした違いを無視して、盲目的にノルウ

10）同上。

ェーのしくみを日本に導入してもうまくいくはずはありません。しかし、そうした違いを十分に考慮するならば、ノルウェーの人々が慣習に根差した自然アクセスを現代社会に適応するよう変化させながら継承している姿からは、多くのことを学べるのではないでしょうか。

（嶋田大作）

第 3 章

スウェーデンの旅
長く国民に支持されてきた万人権

シェレフテオ市が設置した焚き火スペース

1 アクセスを楽しむ場としての自然の広がり

　スウェーデンは、約45万 km²の国土に約1044万の人たちが暮らしています。人口の9割が中南部、とりわけストックホルム、ヨーテボリ、マルメの三大都市に集中しています。ゲルマン民族が多い一方、スカンジナビア諸国からロシアにまでいたる広域を移動するトナカイ遊牧民のサーメの人たちも暮らしています。スウェーデン内のサーメの放牧地は、国土の55％におよびます。北西部のノルウェーとの国境を成すスカンジナビア山脈には標高1500〜2000m の山々がそびえ、南東部は丘陵地や湖沼が展開しています。ヴェーネルン湖をはじめ湖沼面積が、国土の約8.6％を占める水辺の国としても知られています。高緯度圏にあるものの、北大西洋海流の影響で比較的温和な気候で、降雨も適度にあるため、森林が国土の66.9％を森林（約2800万 ha）が占めています。工業化以降も林業が盛んで、平坦な地形の林地での低コスト化をはかり、紙・パルプ材を含む林産物の輸出大国でもあります。樹種とその材積の割合は、ヨーロッパアカマツ（Scots pine：38％）、欧州トウヒ（Norway spruce：40％）の針葉樹が全体の約8割、シラカバほか広葉樹が18％、枯死木が3％となっています。データに枯死木の項目があるのは、たとえば、オオアカゲラ（*Dendrocopos leucotos*）などの野鳥の住処として林地に枯死木を残すことを国が奨励しているからなのです[1]。

　ではこれから、豊かな森や水辺を誇るこの国の人と自然の物語に入りましょう。

---

1 ）The Royal Swedish Agricultural Academy, "Forests and Forestry in Sweden". https://www.ksla.se/pdf-meta/forests-and-forestry-in-sweden_2015-2/

2 スウェーデンの人々の野外生活の ひとこま

2014年夏、本書の執筆者のうち、三俣、齋藤、嶋田の３人は、ストックホルム郊外にあるチューレスタ（Tyresta）国立公園とストックホルムから800kmほど北上したシェレフテオ市（Skellefteå）の所有する公園で、アンケート調査を行いました[2]。この２つの公園もそうですが、林内には多くの来訪者が往来し、またランドマークとなるような場所があります。そこで、私たちは彼らを待ちかまえ、声をかけてアンケートに回答してもらうことにしたのです（写真３-１）。アンケートは回答者自ら記載してもらう形式をとりましたが、回答者の近くにいることが多かったため、回答者と話す時間も得られました。本節では、この２カ所での調査をもとに、スウェーデンの人たちの野外活動の様子を描写してみたいと思います。

　まずは、チューレスタ国立公園の朝の様子から見ていきましょう。アウトドアに慣れた様子の若夫婦がやってきました。子ども３人を待たせながらも、アンケート調査に応じてくれました。足止めを食らったかたちの２人の子どもたちは、両親をせかして騒ぐでもなく、地面に絵をかいたりして時間を過ごしています（写

2）調査は、2014年８月７日から21日に現場踏査およびアンケート調査を行った。アンケート調査は、ストックホルム郊外にあるチューレスタ国立公園（８月10日〜12日）、ストックホルムから800kmほど北上したシェレフテオ市有の公園（15日〜17日）で実施した。回答者による自記式アンケートで、各公園で188名ずつ合計376名から回答を得た。学術論文としては、Saito, H., Mitsumata, G., Bergiusc, N. & Shimada, D.（2022）"People's Outdoor Behavior and Norm Based on the Right of Public Access: A Questionnaire Survey in Sweden", *Journal of Forest Research*, 28(1), pp. 19-24.（DOI：10.1080/13416979.2022.2123301）がある。

写真 3 - 1　森林の入口での来訪アンケート（2014年 8 月）

写真 3 - 2　アンケート回答中の親子連れ（2014年 8 月）

写真3-3　お昼休みにバケツとタッパーを持ってベリー摘みに（2014年8月）

真3-2）。しばらくすると、初日に会った女性が2日目も話しか
けてくれました。「今日の調査はどう？」といって、森の中で採
ったアンズタケ（*Cantharellus cibarius*）を袋から出して、自慢げ
に見せてくれました。キノコシーズンとしてはまだ早かったので
すが、それでも見つけてしまうというのは、じつに手慣れたもの
です。

　次はシェレフテオ市の公園に移りましょう。地元のNORRAN
という新聞社が、アンケート調査初日に私たちを取材し新聞記事
で報じてくれたおかげもあってか、予想を超える人たちから回答
を得ることができました。若い女性2人が「記事を見たよ」と言
ってこちらへ近づいてきてくれました（写真3-3）。2人は同じ
職場の同僚だそうです。昼休みになったので、森で動ける服に着
がえて、コーヒーの入った水筒とタッパー持参でやってきたとい
うのです。フィーカ（FIKA）と呼ばれる昔ながらのティータイ

写真3-4 ちょっとおしゃれな木製のベリー収穫機（2014年8月）

ムを楽しみつつ、ベリーも摘んだ、というわけです。若い人もこうして休み時間に気軽に森での時間を楽しんでいるのです。採取は手摘みが基本ですが、なかには熊手のような簡便な道具を使っている人たちもいます。準備周到な彼女たちもおしゃれな木製の収穫道具を見せてくれました（写真3-4）。「ベリーはジャムにしたり、ケーキにトッピングしたりするととてもおいしいの」と話してくれました。私たちのアンケート調査結果でも、採取の目的を訪ねる項目の回答として「手軽なレクリエーション」、「日々の食材のため」、「森林散策のついで」が多く、娯楽的で自家消費的な利用者が多い結果が得られています。

　「若い女性が仕事の昼休みに森林とは凄い！」と感激しながら彼女たちを見送ると、今度はマウンテンバイクを楽しむ仲よし親子4人が走ってきました。「アンケート調査に答えてほしい」というような身振りをしてみたところ、スピードを落として止まっ

てくれました。親２人の趣味のマウンテンバイクを、小学生にあがった２人の男の子も乗るようになり、家族で森や水辺を走り抜けるのが楽しいのだ、と。

　アンケート調査に慣れてくると、それまで回答してもらっていなかった種類の自然の楽しみ方をしている人にも、回答をお願いしたくなってきます。思いきってチャレンジしたものの、断られたり注意されたりしたのは、乗馬愛好者とトレイルランナーの人たちでした。一定のスピードをともなう活動については、進路を妨害することは危険です。スウェーデンでは、スキーなどのウィンタースポーツに備え、体づくりに励む人も多く、運動量を計測できる機器を着けて走っている人たちをよく見かけました。

　このように、森を楽しむ人と一口に言っても、その利用の実態はじつに多様です。両公園の利用者たちは、それゆえに生じやすい危険やトラブルを回避するような行動をとっていることが、このアンケート調査からわかった発見です。たとえば、保護区や土地所有者の立ち入り禁止指示に従う、民家に近づかない、農地に立ち入らない、危険な動物にばったり遭わないようにする、などに気を払っていると答えた人が数多く見られました。

　以上、両公園でのごくわずかな情景を描写してきましたが、こうした彼らの自然での多様な活動は、スウェーデン語で Friluftsliv（フリルフッツリブ、以下、「野外生活」）と呼ばれています。

　次に、その野外生活を可能にしている「他人の土地であっても、自然を楽しむことのできる慣習」、つまりスウェーデンの万人権について見ていきたいと思います。

３　世代を超え、自然アクセスを楽しむために

前章で述べたノルウェーの野外活動法と異なり、万人権を直接

規定する法律はスウェーデンにはありません。刑法や不動産法によって所有者の権利を守りながら、自然の恵みを享受する万人権を慣習で運用しているのです。その原則は、Do not disturb privacy（プライバシーを乱すな）, Do not destroy nature（自然を破壊するな）です[3]。中世から存在してきた慣習といわれています。しかし、その起源を厳密に知ることはできません。万人権は、通行や散策だけでなく、自転車、乗馬、カヌー、スキーによる林野の通行、キャンプなどの一時滞在、落ち枝やベリー・きのこなどの採取など、その対象が水域にもおよぶ慣習的な権利です。

　ただし、遊牧民族のサーメの人たちにとって大切なクラウドベリー（ホロムイイチゴ）については、万人権の対象とはされていません。

　万人権とはなにかを理解しようとする際、落ち枝拾いが可能である、という点に目を向けるとよいかもしれません。どんなに貧しくとも、自然にアクセスさえできれば生きることができるという、いわば「万人権の生存権的意義」を指摘する研究もあります。たとえば、沢水を汲んで飲み、落ち枝で暖をとり、魚やキノコを焼いて食べることは、万人権の守備範囲です。火の使用もまた、十分な注意のもとで可能ですから、寒い冬でも体温を保つことができます。他方、生きている樹木の枝は、たとえ素手であっても採ってはいけません。ましてや、動力を駆使した自然に負荷をかけるような利用は、万人権には含まれません。

　このようなスウェーデンの万人権は慣習ですが、成文化されていないわけではありません。国民の基本的権利と自由、その重要

---

3) Raadik. J., Cottrell, S. P., Fredman, P., Ritter, P. & Newman, P.（2010）"Understanding Recreational Experience Preferences: Application at Fulufjället National Park, Sweden", *Scandinavian Journal of Hospitality and Tourism* 10(3), pp. 231-247.

な構成要素としての財産の保障を明記したスウェーデン憲法の第2章第18条の末部に、次のように記されています。「上記（財産権の保障：筆者付記）のような条項にもかかわらず、誰もが万人権によって自然環境へアクセスすることができなければならない」。このように憲法で万人権を積極的に認める一方、その行使によって土地所有者や自然に悪い影響がおよぶことがないように、環境法典や刑法典によって、万人権のおよぶ範囲を間接的に規定しているのです[4]。とはいえ、そのような規定がコンフリクトを招くことになるという批判もあり、ノルウェーのように万人権を規定する法整備が必要という人たちと、慣習のままで運用していけばよいとする人たちの間では議論がつづいています。

4 技法と作法を身体で覚えて楽しむ野外生活

　すでに見たように、スウェーデンには野外生活を楽しむことのできる多様な自然が広がっています。しかし、都市化の進展やグローバル化の進む時代になればなるほど、先に述べたような危険やトラブルが発生しやすくなります。たとえば、海外からの大規模ツアー客の一行が、私有地に立ち入り、ベリー採取をはじめたらどうなるでしょう。土地所有者は不愉快に思うでしょうし、些細なことで深刻なトラブルに発展する可能性が高まるでしょう。同一空間で異なる活動する場合もまた、トラブル発生のおそれが高まります。たとえば、ゆっくりと散策を楽しみたいハイカーと、タイムを競って猛スピードで走り抜けたいトレイルランナー

4）嶋田大作・齋藤暖生・三俣学（2010）「万人権による自然資源利用——ノルウェー・スウェーデン・フィンランドの事例を基に」三俣学・菅豊・井上真編著（2010）『ローカル・コモンズの可能性——自治と環境の新たな関係』ミネルヴァ書房、pp. 64-86。

写真3-5　ベリーの仮設取引の場（2014年8月）

との間には、ときに深刻な対立関係が生じるのです。つまり、土地所有者と利用者間の対立、利用者どうしの対立が起こりうるのも、万人権に基づく野外生活の世界というわけです。野外生活の研究者であるクラス・サンデル（Kras Sandell）は、とくに大規模な集団利用と商業的な利用が、大きなトラブルに発展する「引き金」になると説明しています[5]。

　「引き金」になるかも、という次のような光景に、私たちはシュレフテオ市の森の入り口でばったり出会いました。ベリーがびっしりと入ったいくつものケージを積んだ車が、夕方森の入り口に次々に集まってきました。そこでは、木の板を張り合わせた仮設小屋があり、ベリーの売買が行われています。買取り業者らし

5）Sandell, K & Fredman, P.（2010）"The Right of Public Access: Opportunity or Obstacle for Nature Tourism in Sweden?" *Scandinavian Journal of Hospitality and Tourism*, 10(3), pp. 291-309.

き男性が、ベリーの入ったケージの重量を測り東南アジア人とおぼしき人たちからベリーを買い取っていました（写真3-5）。ある学術論文には、諍いがこじれて裁判沙汰になっているケースまで紹介されているのですが[6]、私たちが遭遇したベリー売買の光景は、ほのぼのして、穏やかさすら感じました。私たちのアンケート調査において、コンフリクトに遭遇した経験があると回答した人は、きわめて少数にとどまっていました。もめごとが日常的に勃発していれば、これほど長い間万人権は存続してこなかったとも思えます。いろいろとトラブルの生じる火種はあるけれど、多くのスウェーデン国民にとって、万人権は大切なものであり、また誇りでもあるのです。それは、学術論文においてもしばしば指摘されていることなので、わが身を自然の中におき、静寂の中で自身を見つめる野外生活やその礎を成す万人権は、米国などの商業的レジャーとは異なる「北欧ゲルマン民族の哲学」だというのです[7]。第2章で「聞こえる音は自分の呼吸音だけ」という嶋田の体験は、その一端に触れるものだったのではないでしょうか。

　しかし、野外生活は、ただわが身を自然において自己対話する時代から、グローバル時代の波を受け、変化を遂げてもいます。たとえば、国内外からの観光客やスポーツ競技者などの自然における活動も、すこしずつレジャー化もしてきています。後述のとおり、政府は、海外からのツーリズムやスポーツ競技も積極的に

6）Elgaker, H., Prinzke, S., Nilsson, C. & Lindholm, G.（2012）"Horse Riding Posing Challenges to the Swedish Right of Public Access" *Land Use Policy*, No. 29, pp. 274-293.

7）Raadik. J., Cottrell, S. P., Fredman, P., Ritter, P. & Newman, P.（2010）"Understanding Recreational Experience Preferences: Application at Fulufjället National Park, Sweden.". *Scandinavian Journal of Hospitality and Tourism*, 10(3), pp. 231-247.

受け入れるべく、万人権を堅持している面もあります。つまり、自然での多様な活動欲求を持つ、都市生活に慣れた自国民、そして海外からやってくる人たちに対し、広く万人権を理解してもらう取り組みが必要になってくるのです。誰がどのようにそのしくみをつくってきたのでしょう。

5 組織的な野外活動の基盤をつくる 政府とアソシエーション

　まずはヨーロッパで初めて1909年に国立公園制度を導入したスウェーデン政府です。国をあげて、万人権を積極的に支持してきた理由の一つに、豊かな自然を全面に押し出した観光政策があります。スウェーデンの豊かな自然にアクセスできる魅力は、国内外の自然愛好家やツーリズム、スポーツ愛好家を惹きつけます。観光需要の増加は、地域経済にも大きく貢献してきました。政府としても、できるかぎりトラブルを少なくしつつ、外貨を得て経済に資するように気を配っておく必要があるのです。他方、国民の労働時間の短縮と余暇時間の増大、健康増進など労働政策や福祉政策の一環としても、野外活動を奨励し、その基盤である万人権の維持に努めてきたのです。

　たとえば、2009年10月、野外生活の基本指針を明記した「将来の野外生活」において、政府は万人に自然アクセスを確保し、その根拠となる万人権を堅持すると述べ、その遂行に際し、各自治体は自然保全に責務を負うと明記しています。こういうビジョンを掲げつつ、政府や自治体は野外生活に関連する組織に行財政的支援を行っています。また政府の自然保護庁は、万人権の原則、認められる行為・程度・場所、留意点などを細かく記したウェブサイトを作成し、随時、更新しています。加えて、万人権に関するパンフレット（9カ国語）、万人権に関するリーフレット（15カ

国語）、万人権および採取についてのリーフレット（9カ国語）、万人権およびカヌーに関するパンフレット（2カ国語）、火気使用と万人権のリーフレット（5カ国語）を作成するだけでなく、指導を含む啓発活動を行っています[8]。

　NPOやNGOなど、アソシエーションと呼ばれる理念をともにするグループもまた、野外活動や万人権維持にとってたいへん強力なサポーターです。とくに活動的なスポーツが行われる場所では、土地所有者と競技者、競技者と他の目的での来訪者の間のトラブルは増加します。たとえば、スウェーデンで盛んなオリエンテーリングを統括するSwedish Orienteering Federation（SOFT）は、『オリエンテーリングと万人権』（2013年）という報告書を作成しています[9]。これは、オリエンテーリング主催者・競技者の万人権理解を促す手引書であり、オリエンテーリングが万人権の上に成り立っていることを入念に論じているのです。また、係争を引き起こしそうな具体的な場面をあげ、その回避策として、たとえば土地所有者との事前協議を欠かしてはならないなどの留意事項を周知しています。自然を舞台に行われるスポーツやイベントは多様です。そのすべてに関連したアソシエーションがあるわけではありません。しかしSOFTに類する団体が、トラブルによって競技や活動が否定されないよう尽力しているのです。このように、主として、行政やアソシエーションが先導するかたちで、万人権を実態のともなったものとして、時代変容に対

---

8 ）Swedish Natural Environment Agency website：https://www.naturvar dsverket.se/en/topics/the-right-of-public-access/

9 ）Swedish Orienteering Federation（2013）Orienteering and the Right of Public Access: A Publication on the Policy of the Swedish Orienteering Federation Regarding Approach of the Sport Towards the Right of Public Access and The Access to Land and Terrain.

応させながら、引き継いできたのです。

　以上、見てきたしくみ（制度）はとても重要です。同時に、恒常的に多くの人たちによって野外生活が営まれている実態が、とても大切だと思うのです。その根底には、スウェーデンの人々の中に、自然を愛でる感性や野外活動への肯定的な姿勢が見え隠れしています。そういった感性や志向は、いったいどのように育まれてきたのでしょう。

6　就学前教育と家族が育む自然アクセス

　スウェーデンでは、世界に先駆けて、1892年に野外生活推進協会（Friluftsfrämjandet）という NPO が発足しています。この協会を中心に、5歳までの就学前の子どもたちが自然に親しむための基盤づくりが進められてきました。この協会の会員数は約10万人で、支部数は300におよびます。簡単に「子どもに教える」とはいっても、じつはとても難しいのです。教える大人が、野外生活のおもしろさや大切さ、そして危険も熟知していることはもちろん、それを子どもに伝える能力や方法を身につけていなくてはならないからです。同協会は、1957年に「森のムッレ教室」[10] と呼ばれる主として主婦を対象にボランティアリーダーの養成講座を立ち上げ、そこで研鑽を積んだリーダーのもと5～6歳児対象

10）スウェーデン語で土壌（mullen）の意味を持つムッレという森の妖精は、リーダーが手人形などでその役を務める。ムッレとともに、子どもたちは五感を使い、自然に触れ、エコロジーを学んでいる。この森のムッレは、欧州はもとよりロシアや韓国でも導入されている。日本には1986年に高見幸子氏が兵庫県丹波市市島町で森のムッレ教室をはじめ、現在、一般社団法人・日本野外生活推進協会が、大学や企業と協働しつつ、北は山形県から南は鹿児島県まで、全国41カ所で活動を展開している（森のムッレ協会：http://mulle.sakura.ne.jp/）。

の野外プログラムをはじめました。同協会の「雨の日も晴れの日も（I Ur och Skur）」という認証を取得した就学前学校は、おおよそ200校におよんでいます[11]。こうした広がりの背景には、1960年代から加速した女性の社会進出、それに対応する保育拡充成策がありました。5歳からの森のムッレ教室を待たず、活動に参加したいという要望に応じ、1987年には、3〜4歳児向けの「森のクニュータナ教室」、1990年には1〜2歳児向けの「森のクノッペン教室」プログラムが誕生しています。こうした取り組みが、野外活動やその基盤としての万人権への理解を生み出していると思われます。

　以上に加え、筆者らのアンケート調査からも重要な気づきを得ました。それは、来訪者の多くが、就学以前の早い段階で、家族に連れられて野外生活を体験しているということです。野外生活の初体験の平均年齢は約5歳でした。ベリーやマッシュルーム摘みもまた、幼少期にはじめた人が多く、その9割以上の人が採取の知識や技法を家族から継承していたのです。「野外生活の入り口」として家族の担う役割の大きさが理解できるでしょう[12]。最後に、こうした教育の基盤となるスウェーデンの文化の中で、とりわけ童話の世界に立ち寄ってみておきましょう。

11）スウェーデンの野外教育について、専門的かつたいへんわかりやすく書かれたものとして、エーバ・エングゴート（2019）『スウェーデンにおける野外保育のすべて——森のムッレ教室を取り入れた保育実践』（高見幸子・光橋翠訳、新評論）がある。

12）とはいえ、スウェーデンにおいても、若年層の自然離れの現象が生じており、学問領域においても、看過できない問題として浮上しつつあることも、付言しておきたい。

7 野外活動の背後を成す童話の世界を 旅する

スウェーデンには、日本でもアニメ化された『ニルスの不思議な旅』の作者であるセルマ・ラーゲルレーヴ（Selma Ottilia Lovisa Lagerlöf, 1858-1940）がいます。

この物語の主人公は、動物をいじめたり草花を野蛮にあつかったりする悪ガキのニルスです。数々の悪事を妖精に戒められ小人にされてしまったニルスは、モルテンというガチョウの背に乗ってスウェーデン中を旅するのです。スウェーデンの壮大で美しい自然や各地で生きる人たちに触れながら、ニルスはモルテンをはじめ自然や動物を思いやるようになり、魔法が解けて元の姿に戻る、というお話です。

この話をつくるにあたってラーゲルレーヴは、スウェーデンの各地方を取材し、得意の地理や環境の知識もふんだんに取り込みました。たとえば、鉄鉱業や林業が盛んに営まれる様子が活写されているので、子どもでも楽しくスウェーデンの自然や歴史を学ぶことができるのです。1842年に初等教育を義務化したスウェーデンにとっての次の課題が、「教師から子どもへ一方的に授ける教育」から「子どもたちが楽しく主体的に学ぶ教育」への転換でした。そこで、スウェーデン国民学校教員協会は、1901年にラーゲルレーヴに地理読本の執筆を依頼した、というわけです。

ラーゲルレーヴの生きた時代は、女性解放運動の萌芽期でもありました。女性参政権運動にも彼女は講演活動などを通じて尽力しました。そんな多大な功績を讃えて、1909年には女性初のノーベル文学賞が贈られています。彼女の肖像画とモルテンに乗るニルス少年は20クローナ紙幣の挿絵となり、2015年まで使用されていました。子どもが自然で遊ぶことの効用の一つとして、性の違

いが遊具に投影されやすい室内での遊びとは異なり、自然相手の野外での遊びはジェンダー平等の機会をより多く与えるという指摘もあります。スウェーデンの自然をこよなく愛し、女性解放運動にも果敢に挑んだ彼女の思想や実践が、この国の人と自然のあり方にも、少なからず影響しているように思えます。

（三俣学）

第 4 章

フィンランドの旅
自然に親しむ者が自然を守る

森と湖が入り混じる景色

1　森と湖の国フィンランド

　フィンランドへの旅に先立って、フィンランドの基本的な情報を確認しておきましょう[1]。フィンランドは、スカンジナビア半島のいちばん東側に位置し、ロシアと隣接しています。フィンランドの首都ヘルシンキには、日本からの飛行機の直行便もあり、飛行時間も短いことから「いちばん近いヨーロッパ」として知られています。

　他のスカンジナビア諸国と同様に、フィンランドの国土も氷河期時代の地形をよく残しています。無数の湖が国土全体に点在し、その周囲は森林が覆っています。森と湖は、フィンランドを象徴する景観とされています。数字で見てみると、フィンランドの森林率は75％で、先進国中随一という水準となっています。また、湖水の面積は国土の1割近くもあるということです。

　フィンランドの国土は日本よりやや小さいくらいですが、人口は550万人で、だいたい兵庫県と同じくらいの人口規模です。人口密度は16人/km^{2}程度で、日本の20分の1程度しかありません。

　豊富な森を背景に、かつては、林業（木材生産）や製紙・パルプなど、森林関連産業や工業が主要な産業でしたが、1990年代後半からは携帯電話のノキアに代表されるような情報技術産業が発展し、今や産業の主軸となっています。森に恵まれたフィンランドですが、こうした産業構造の変化もあり、都市への人口集中が進んできているようです。

1）フィンランドについて参考となる資料として、以下をあげておく。百瀬
　宏・石野裕子（2008）『フィンランドを知るための44章』明石書店。武田
　龍夫（2001）『北欧を知るための43章』明石書店。

他のスカンジナビア諸国と同様に、フィンランドでも、古くからの慣習に基づく「万人権」があります（第2章22ページも参照のこと）。フィンランド語ではこれを、jokamiehen oikeus といい、フィンランドでは公式な英語表現として everyman's right としています[2]。まさに「万人権」というわけです。

　私たち（三俣・嶋田・齋藤）がフィンランドへ旅をしたのは、2010年9月のことでした。すこし古くなってしまいましたが、その際に見聞きしたことを中心に、その後の文献調査でわかったことなどを加えながら、フィンランドにおける自然アクセスの事情を見ていきましょう。

2　フィンランドの森にアクセスする

　フィンランドに降り立ち、ヘルシンキ市内に入ると、さすがに森に覆われた国とあって、すぐに森の恵みを目の当たりにできました（写真4-1）。市内の露店では、アンズタケ（キノコ）やベリー類が並んでいました。とくにベリー類は、スーパーの中でも普通に目にすることができました。都市の人々の中にも森の恵みが浸透していることが垣間見えてきます。

　私たちは、まず、人々がよくアクセスする森に行ってみようと、ヘルシンキ市街からほど近いヌークシオ（Nuukusio）国立公園に行ってみることにしました。

2）フィンランドの万人権の概要は、以下も参照。嶋田大作・齋藤暖生・三俣学（2010）「万人権による自然資源利用——ノルウェー・スウェーデン・フィンランドの事例を基に」三俣学・菅豊・井上真編著『ローカル・コモンズの可能性——自治と環境の新たな関係』ミネルヴァ書房。

写真4-1　ヘルシンキ市内の露店で売られるキノコとベリー（2010年9月）

■レクリエーションの森——ヌークシオ国立公園

　ヌークシオ国立公園には、ヘルシンキ市内から35km ほどの道程で、電車とバスを乗り継いで、片道1時間ほどでアクセスすることができました。ここでは、事前に案内をお願いしていた公園ガイドの Anu Hjelt さんが待っていてくれました。

　公園内の道は、大型車が通れるような道や木造の階段もある一方で、ゴツゴツとした母岩があらわになったワイルドな歩道もあります（写真4-2）。Anu さんは、さまざまな道と場所を案内しながら、フィンランドにおける国立公園の概要やヌークシオ国立公園における自然アクセスの実態を説明してくれました。

　フィンランドの国立公園は、フィンランド林野庁によって管理されています。ヌークシオ国立公園は、もともと国有林だったところに加え、私有地や公有地を買い取り、レクリエーション地域として指定されて成立したものです。ここヌークシオ国立公園は

写真 4−2　ヌークシオ国立公園（2010年 9 月）
上：整備された木道　下：ワイルドな散策道

大都市であるヘルシンキ市やエスポー市から近く、とくに市民の間での人気が高いということです。

　フィンランドでも、国立公園の第一の目的は、自然環境を保護することにあります。それとともに、人々にレクリエーションの場を提供することも大きな目的です。これらは、一見すると相反するようにも思われます。しかし Anu さんは、公園ガイドは自然環境に親しみ敬う人々を育てる仕事だと自負を持って語ってくれました。自然に触れ、親しめるようにすることは、自然環境を守る手段なのだ、という考え方がしっかりと根を下ろしていることをうかがいしることができました。

■レクリエーションに興じる人々

　フィンランドでは、人々はどのように自然アクセスを享受しているのでしょうか。私たちは、フィンランド森林研究所を訪ねました。ここで自然レクリエーションに関する調査研究をしている Tuija Sievänen さんに、彼女たちの研究から見えてきたことを教えてもらいました。フィンランドでは、1970年代から国民の余暇活動について国による統計調査が行われていて、長期的な動向なども把握されているのです（図4-1）[3]。

　Tuija さんによると、活動の7割は自宅近くの森で行われるのだそうです。そして、頻度としては週2、3回行われるのが標準的だということです。つまり、日常的な生活領域で、日常的に行われるのが、フィンランドの自然アクセスの実態だということです[4]。Tuija さんは、この点が非常に重要だと強調していました。

3）Sievänen, T.（2012）"Monitoring Outdoor Recreation Trends in Finland", *Proceedings of The 6th International Conference on Monitoring and Management of Visitors in Recreational and Protected Areas*, pp.76-77を基に作成。

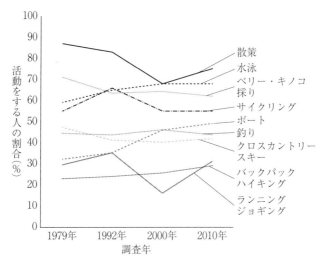

図4-1　フィンランドにおける野外レクリエーションの活動内容の推移

先に紹介した、自然に親しむ人が自然を守るというような考えと
照らし合わせると、納得できます。フィンランドの人々は日常的
に自然に親しみ、自然を守っている、ということなのでしょう。

　また、フィンランドにおけるもう一つの特徴として、サマー・
コテージを拠点とした自然アクセスがあります。なんと、人口の
50％にあたる550万ものサマー・コテージがあるといいます。そ
こで、人々は平均して年間30日もの時間を過ごし、その周辺で散
策や水泳、ベリー摘みやキノコ採りなどさまざまな活動をするの
だそうです[5]。こうした充実したコテージ滞在を可能にしている
のは、万人権の存在もさることながら、休暇制度の存在も大きい

4）関連する論文として、以下を紹介しておく。Neuvonen, M., Sievänen, T., Tönnes, S. & Koskela, T.（2007）"Access to Green Areas and the Frequency of Visits—A Case Study in Helsinki", *Urban Forestry & Urban Greening*, 6（4）, pp.235-247. DOI：10.1016/j.ufug.2007.05.003

ようです。フィンランドでは、夏季休暇は通常、4〜5週間にわたり、国家公務員の場合は8週間あるとのことです。そして、この長い休暇期間の7割が自然へのアクセス、つまり万人権を行使することに使われるのだそうです。

■森林所有者の視点

さて、冒頭では、ヌークシオ国立公園を紹介しましたが、そこは、国が土地を所有していますし、レクリエーションのために市民に開くことも目的となっています。そうではない土地、つまり、個人が個人の家計のために所有している森林では、誰もが自分の土地に入れる状況は迷惑になったりしないのでしょうか。今回の旅で私たちは、3人の森林所有者の方にお話をうかがうことができました（表4-1）。

フィンランドでは、森林は、「経済林」という木材生産をして収入を得ることを目的に管理されるものと、そうでない森林に大別されます。私たちが会った3人が所有する森林は、規模はそれぞれですが、いずれも経済林を主体としていました。前述のように国有林では、自然保護やレクリエーション利用を主目的として森林を所有することがありますが、個人の場合、森林を所有するのは基本的に経済的目的による、ということなのでしょう。そうなると、私有財産としての森に、他人も権利を有している万人権があることがどのように受け止められているのか、気になってきます。

5）Tuija らの研究によって、サマー・コテージへの滞在がベリー摘みなどの自然アクセス活動と強く結びついていることが明らかにされている。
Pouta, E., Sievänen, T. & Neuvonen, M.（2006）"Recreational Wild Berry Picking in Finland—Reflection of a Rural Lifestyle", *Society & Natural Resources.* 19(4), pp.285-304. DOI：10.1080/08941920500519156

表4-1　森林所有者にとっての万人権

森林所有者	Anneli Jalkanen	Aarre Peltok	Jussi Leppanen
所有する森林の概要	70ha 主に経済林 自宅から車で3～4時間	20ha すべて経済林 自宅から車で1時間あまり	140ha 主に経済林 自宅から車で2時間
万人権に対する考え	基本的にいいこと これまで困ったことは起きていない	万人権は誰にとってもよいこと ベリーやキノコを採られて不利益と感じたことはない	今のところ問題ない 所有する森林への他人のアクセス実態はよくわからない

　結論から言うと、私たちが会った森林所有者の方は、3人とも万人権を問題視していませんでした。むしろ、肯定的にとらえていることがうかがえました。たとえば、Aarre Peltok さんは、万人権がない場合よりある場合のほうが、利益が多いと話していました。万人権があることで、人々に運動やベリー摘みなどの機会（利益）を与える、それゆえ、森林所有者にとっては不利益となるものでもない、という考えなのだそうです。Aarre さんが所有する森林は20ha と、3人の中ではいちばん小規模ですが、それでも自分のところではベリーやキノコは採りきれるものではなく、他人に採られても不利益と感じないということです。また、Jussi Leppanen さんは、実際には誰かが自分の森に入っているということを認識しにくい、と話してくれました。旅の下調べで見たように、フィンランドの人口密度はきわめて低いです。こうしたことが、森林所有者にとって万人権を迷惑と感じない素地をつくっているようです。

　一方、お話を聞いていると、アクセス利用する側にもトラブルが起こりにくいような配慮があるように思われました。大規模な人数でアクセスする際は、トラブルが起きやすいと考えられますが、そうした利用について、これまで事前に連絡や相談を受けた

写真 4 - 3　手漕ぎボートで湖を行く人（2010年 9 月）

ケースがあるといいます。たとえば、森林ではありませんが、Jussi さんの農場の近くがオリエンテーリングの練習会場に使われる、ということになったとき、主催者の側から Jussi さんに連絡があったのだそうです。こうした利用者と所有者の間の意思疎通はスウェーデンの事例（第 3 章）にも通じ、万人権が土地所有者に受け入れやすくするうえで大きな役割を果たしているように思われます。

3　フィンランドの水辺にアクセスする

■水辺でのレクリエーション

　森と湖の国と称されることもあるように、フィンランドにおいて湖や水辺は、重要な自然アクセスの舞台となっています（写真 4 - 3）。現地の人々が湖で自然アクセスを享受している様子は詳

しく目にできたわけではありませんが、夏にはボート漕ぎや水泳、釣りが親しまれています（図4-1）。そしてこれらの活動が、フィンランドの万人権に基づいたものだと考えられています。

　フィンランドには、「水域法」と「水上交通法」という法律があり、このなかで、水辺の万人権について規定されています。これによると、環境を不必要に損壊したり、近隣住民や漁業者に迷惑をかけたりしないかぎり、誰もが自由に水辺や水上にアクセスできるとしています。具体的には、ボートでの通行や、水泳ができ、料理のための水汲みや洗い物もできます。冬に結氷すれば、その氷上を行き来することも自由にできます。なかでも、水泳は最もポピュラーな水辺の楽しみ方で、調査によると、森などでの散策と同程度、7割ぐらいの人がする野外活動だということです[6]。

　また、釣りも万人権の一部であると考えられています。湖や海など水域の大部分において、竿1本に限り、誰もが釣りをすることができます。湖が凍れば、氷に穴を開けて釣りをすることも同様に、自由にすることができます。このように、身近に豊富な水域があるフィンランドでは、水辺への多様なアクセスが根づいているといえそうです。そして、こうした事情から、水辺のアクセスが万人権の大事な一部分として構成されてきたのでしょう。

■公的に整備される洗い場

　上で紹介した水辺での万人権のうち、洗い物はとくにユニークなので、すこし詳しく紹介しましょう。

　ヘルシンキ港に来ると、ちょっと風変わりな施設を目にするこ

6）前掲Sievänen注3）。

写真4-4　マット洗い場として使われる筏（2010年9月）

とができます。水辺（海辺）にせり出すように筏が設置されてい
ます（写真4-4）。これは、「マット洗い場」です。古くから、
海でマットを洗うと色鮮やかにきれいになる、といわれていて、
フィンランドの人々は年に1度、洗い場に来てマットを洗濯する
のだそうです。海水で洗い物をしたら、生地が塩でゴワゴワにな
ってしまうのではないかと思いましたが、内陸に深く入り組んだ
入江にあるためか、水を舐めてみると、塩分は低いようでした。
　この洗い場は、ヘルシンキ市のヘルシンキ港湾事務局（以下、
港湾事務局）によって管理されています。港湾事務局職員の
Kaarina Vuorivirta さんと Eeua Hietanen さんによると、今管理
されている洗い場は第二次世界大戦前から設置されているもの
だそうです。ヘルシンキ港ではこうした洗い場が12カ所あり、それ
ぞれ筏の設置数が異なるなど、規模が異なるそうです。ヘルシ
ンキ港以外にも、全国各地にこうした洗い場があるとのことです。

港湾事務局としては、あくまでも古くからある慣習として残すのが原則なようで、筏が老朽化した場合には、陸上に洗い場を新設することになり、有料のサービスとなるだろうということでした。

さて、こうした洗い場には、筏の上に脱水機と干場も設置されています。マットは重いものなので、ここに来て洗濯をするのは、主に男性の仕事です。マット洗濯は余暇活動でもあり、最近では、食べ物を持ち込んでピクニックも兼ねて行われることも多いそうです。ただ、ピクニックによってゴミが現地に残されると、近隣住民とのトラブルのもとにもなるといいます。

また、環境保全の観点からも、水辺の洗濯が問題視されています。港湾事務局では、自然素材による洗剤として、松やにでつくった石鹸（mäntysuopa）を使うように指導していて、海水汚染の問題はないと考えています。しかし、海水汚染を問題視する見方は根強く、毎年、マット洗いの季節となると、論争が巻き起こるのだそうです。

水辺での洗濯は、長い歴史を持つものですが、レクリエーションの意味合いを兼ねるなど現代的な変化を遂げています。そして、洗い場設備の更新は保証されているわけではなく、少なからず是非をめぐる対立もあります。もしかしたら、万人権に基づいて水辺で洗濯をする光景は、近い将来、見られなくなるのかもしれません。

4 フィンランドの自然アクセスの課題と対応

森や水辺でさまざまな自然アクセスが可能で、長期休暇やサマー・コテージの存在が濃密な自然との触れ合いをもたらすフィンランドの状況は、うらやましいかぎりです。とはいえ、専門家に

よく話を聞いてみると、近年は課題となっていることもあります。

■法律から見た万人権

　私たちは、長年、環境法学を研究してきた Erkki Hollo さんにお話をうかがうことができました。Hollo さんによると、法律のしくみから見たフィンランドの万人権の特徴は次のようなものだそうです。

　ノルウェーでは、独立した法律の中で万人権が規定されていますが、フィンランドでは、直接的・体系的に定める法律がありません。jokamiehen oikeus（everyman's right）というのは、慣用的に使われている言葉でしかない、ということです。では、法制度としてどのように自然アクセス権が担保されているかというと、複数の法律で、それぞれが関連することを間接的に定めることによって、万人の自然アクセスが可能になるようなしくみになっています。第3章で見たスウェーデンのやり方に類するものといえるでしょう。

　自然アクセスを間接的に規定する法律の一つに、刑法があります。そのなかでは、他人の土地においてやってはならないことが定められており、そこに書いていないことは、やってもいいことと解釈されます。具体的には、土地所有者の財産を取ったり壊したりすること、庭や農地を通行することがあげられ、それ以外のこと、たとえば森林の中に立ち入ったり、一時的な滞在をすることは認められる、というわけです。また刑法では、他人の土地で誰もが採ることができるものが定められています。それは、野生のベリー類やキノコ、林床に落ちている枯れ枝や松ぼっくりなどです。その一方で、採取してはいけないものとして、苔や地衣類があることが同時に定められています。また、上述したように水

域法や水上交通法では、水辺や水上で誰もができる行為が定められています[7]。

　一部に万人権を直接的に定めたほうがよい、とする意見もあるそうですが、Hollo さんは、そうしないほうがいいと考えています。もし、権利として明確に定めてしまうと、私有権との深刻な矛盾を抱えることになるため、今のような間接的な定め方のほうがよい、というのが Hollo さんの考えです。

　こうしたフィンランドの自然アクセスをめぐるしくみは、圧倒的な人口密度の低さによって問題なく保たれてきた、と Hollo さんは言います。しかしじつは、制度のしくみを考え直すときに来ている、ということも指摘していました。制度の見直しが必要になるような近年の変化について、次に見ていきましょう。

■近年の野外活動の変化と懸念

　フィンランドは1995年に EU に加盟し、EU 国民はフィンランド国民と同様に扱われ、国籍をもとになにか制限を加えることはできなくなりました。法学者の Hollo さんだけでなく、森林研究所の Tuija さんも指摘していたのが、外国人によるベリー類の採取が目につくようになった、ということです。

　こうしたなかで、とくに問題視されているのが、北部地域において行われている外国人による商業的なベリー採取です。ロシアやエストニアなどから採取者が来るとされ、フィンランド国内の企業がタイから採取者を連れてくることもあるそうです。このときは、まだ大きな問題とはなっていないとのことでしたが、Hol-

---

7）より詳しくは、フィンランド環境省が発行している英語でのパンフレット "Everyman's Right: Legislation and Practice" が参考になる。https://www.ymparisto.fi/download/noname/%7B2469D5DE-38E6-4BE5-8CCA-3D0F480ADF0E%7D/162263

Io さんは自然環境を大きく損ねる可能性があるため、こうした商業的な採取にはなんらかの規制が必要だと考えていました。

　また、一般的に問題となりやすいのは、大規模なイベントとして野外活動が行われる場合です。たとえば、オリエンテーリングの大会や水泳大会などがあります。大会を行う場合、地域住民に不安を与えないような配慮が求められ、警察の許可を得たり、土地所有者 Jussi さんの話にあったように、土地所有者に事前の連絡が行われたりします。

　野外活動が商業的な目的で行われる場合もあります。たとえば、ホテルが有料サービスとして、客を釣りや狩猟、キャンプを催行した例があり、これは、他人の財産の利用にあたるため、Hollo さんは制度の改正が必要だと考えていました。

　フィンランドでも、大都市への人口集中は進んでいます。そうなると、大都市からアクセスしやすい場所では、過剰な来訪による道の損傷や、混雑による体験の質の低下が憂慮されます。実際、ヌークシオ国立公園では、利用が集中する道の損傷が激しくなる問題があり、そうした場所では木道化や砂利による舗装で対応しているということでした。

■自然アクセスの未来像は？

　自然アクセスをめぐる社会状況の変化は、野外活動に関連する仕事に従事している人々にとって大きな関心事であり、今後の変化を予測するための議論が行われています。最後に、こうした議論の中で指摘されている、社会の変化がもたらしうる自然アクセス活動への影響を紹介しましょう[8]。

　いちばん意識されている変化に、社会の二極化があります。これは人口の二極化や貧富の二極化などを含んでいます。人口の二極化は、すでに上で述べた都市部への人口集中（農村部の過疎化）

に相当するので、貧富の二極化がもたらす影響について見てみます。

　フィンランドでも経済格差の進行は顕著なものとなっています。富裕層は、比較的に豊富な余暇時間があり、移動に必要な費用も容易に負担できるため、富裕層による自然アクセスはより活発になる可能性があります。さらに、富裕層は、経済力を背景にさまざまな新しいタイプのレクリエーションを取り入れていく傾向があり、とくに機械動力を有した乗り物を使った活動が増えることが懸念されています。一方、経済的に余裕のない人々は、余暇時間は比較的少なく、また遠くへ出かけることも困難となると推測されます。したがって、誰もが自然にアクセスするためには、生活空間に近接したところにある自然の重要性が増してくると考えられています。そして、このような身近な自然は、公衆のアクセスにとって好適な状態に、公的機関による整備が行われる必要性が指摘されています。

　労働時間が柔軟に調整できるようになっている状況や、リモートワークが増えている状況は、自然アクセスの機会を増やすと考えられています。日本でコロナ禍を機に一気に一般化した「ワーケーション」と同様に、労働と余暇の境界が曖昧になり、より自然との触れ合いをしやすくなるということです。

　情報技術の進展も、自然アクセスに与える影響は肯定的なものととらえられています。携帯端末やそのアプリ、SNSは、誰もが容易に自然アクセスに関する情報を得ることに役立っている、というわけです。

8）以下の文献を参照。Neuvonen, M., Riala, M., Nummelin, T, Sievänen, T. & Tuulentie, T. (2018) "Future Perspectives on Outdoor Recreation in Finland", *Leisure/Loisir*, 42 (4), pp.365-388. DOI：10.1080/14927713.2019.1581991

フィンランドがEU加盟国であることの影響は、移民による自然アクセスの問題ととらえられる局面にいたっています。とくに2015年の欧州難民危機では、フィンランドにも多くの難民が流入し、無視できない国民の一部となっています。移民の人々は自然とかかわる習慣が、従来のフィンランド人とは異なるとされ、多文化共生の自然アクセスのあり方を模索することが今後の課題であると考えられています。

　このように、自然アクセスをめぐる状況は、今大きく変わりつつあります。こうしたなかでも、万人権の存在自体が否定されることはありません。万人権は、社会にとって必要なものであるという揺るぎない信頼がうかがえます。だからこそ、変化を把握する努力が払われ、変化に対応するための議論がなされているのでしょう。そして、その対応は、公平で質の高い自然アクセスを維持するという理念に根ざしているのです。変化に柔軟に対応しながら、大事なもの＝自然を守る、というフィンランドの姿勢には、学ぶところが大きいように思われます。

（齋藤暖生）

第 5 章

英国の旅
変化しつづける自然アクセスの世界

のどかなクリーヴヒル・コモンの午後

内燃機関の改良とともに発展した歴史のある鉄道で、英国内を旅するのも味わいがあります。のどかに草をはむ羊や牛の群れ、住宅、小屋、古いスレートのヘッジ、牧草地の緑の上に置かれたポツンポツンと転がるサイレージ。車窓からの移り変わりを楽しむなかで、「あれ、そういえば見かけないな」とはたと気づくのが、森の風景です。とくに南東部は森や山なみが少ないのです。メキシコ湾流の流れの助けで、高緯度圏にあって比較的温和な気候であるにもかかわらず、森林は国土のわずか13％しかありません。森林面積の大きいスコットランドでさえ19％で、イングランドはわずか10％です。しかし、グレートブリテン島はかつて森林で覆いつくされていました。それが13％にまで減少したのは、産業革命以降ではないのです。

　膨大な歴史資料から『人間と自然界』を著した英国の歴史学者のキース・トマス（Keith Thomas）は、「現代の地理学者によれば、原生林は、ローマ人が到来するよりはるか以前に耕しやすい大地の部分からすでに姿を消し、アングロサクソン期の終わりにはイングランドの森の大部分は開拓されてされてしまっていた…（中略）…ドゥームズデー＝ブック当時の森林占有率は、おそらく国土のわずか20パーセントにすぎなかったであろう」[1]と記しています。このドゥームズデー＝ブックというのは、1086年にイングランドを征服（ノルマン・コンクエスト）した、ウィリアム1世の指示でつくられた世界初の土地台帳のことです。トマスによれば、13世紀末には、おおむね居住地も「今日とほぼ同じ状態」になっていたわけですから、たいへん熱心に森を開墾し牧草地や畑地にしてきたといってよいでしょう[2]。森の開拓の歴史は、英国

1）キース・トマス（1989）『人間と自然界——近代イギリスにおける自然観の変更』山内昶訳、法政大学出版局、pp.290-291。

人の自然観にも関係しています。キーツが『人間と自然界』で詳述していますが、英国人にとって森は危険と野蛮に満ちた場所でした。それゆえ、人間がたえず制御できるよう、未開地を切り拓く不断の努力こそが改良や進歩だと考えられてきたのです。

　そういった農地や牧草地そして丘陵地の多くが、住民共同のコモンズとして利用されてきました。その歴史に触れることなく、英国の自然アクセス制は理解しがたいので、まず、コモンズの歴史を概観しておきます。

1　コモンズ保全から自然アクセス制へ ——市民が獲得した権利

■住民の締め出し

　産業革命以前の英国も他国と同様、人間に不可欠な農の営みによって成り立っていました。都市・農村を問わず、領主層の所有者とその近隣で暮らす入会権者（commoners）のコモンズとしての牧草地や緑地が広がっていました。領主は自らの土地の土地所有権を、入会権者は同地から生み出される自然産物を利用する権利（入会権：a right of common）を有していました。入会権者は農的な営みから得られる産物を領主層に貢納し、領主は安全・安堵を与える、というかたちでおおむね成り立っていたのです。そういったありようへの変化が徐々に起こります。時代に変化に応じさまざまな利益を得ようとした領主たちが、住民たちの農的利用を締め出したエンクロージャー運動はご存知かと思います。1516年にトマス・モア（Thomas More, 1478-1535）が、著名な『ユートピア』という本の中で、その苛烈さを次のように書き記してい

2）森林は王室や貴族にとっては、森はハンティングの場として重要であった。そのうちの一部は Royal forest として設定され、独自の法（フォレスト法）のもと、指定地区住民と共同利用されてきた。

ます[3]。

　もし国内のどこかで非常に良質の、したがって高価な羊毛がとれ
るというところがありますと、代々の祖先や前任者の懐にはいって
いた年収や所得では満足できず、また悠々と安楽な生活を送る
ことにも満足できない、その土地の貴族や紳士や、その上自他と
もに許した聖職者である修道院長までが、国家の為になるところ
か、とんでもない大きな害悪を及ぼすのもかまわないで、百姓た
ちの耕作地をとりあげてしまい、牧場としてすっかり囲ってしま
うからです。…（中略）…林地・猟場・苑囿・荘園、そういった
ものをつくるのに相当土地を潰したにもかかわらず、まだ潰した
りないとでもいうのか、この敬虔な人たちは住宅地や教会付属地
までも、みなたたき壊し、廃墟にしてしまいます。こういうわけ
で、たった一人の強欲非道な、まるで鵜のような、疫病神のよう
な人がいて、広大な土地を柵や垣で一カ所に囲ってしまおうなん
て、とんでもない野心をいだいたばかりに、多くの農民が自分の
土地から追出されてしまうことになるのです[4]。

　エンクロージャー運動は、第1次（15〜16世紀）、第2次（17世
紀後半〜18世紀）の2期に区分して説明されますが、法の整備は、
もっとはやくに進められていたのです。1236年にはマートン法と
いう法律が登場しますが、これ以降、所有者である大規模領主層
が、農民の入会権を容易に解消しうるかたちでの法整備が進めら
れていったのです。

■コモンズ保全と万人の自然アクセス
　しかし、この流れは、産業革命を経た19世紀に大転換します。

3）トマス・モア（1957）『ユートピア』平井正穂訳、岩波書店。
4）同上、pp.31-32。

都市部での環境破壊や生活・労働環境の悪化が顕著になるにつれ、入会権者だけでなく都市住民を含む国民全体が、地主による横暴なエンクロージャーを阻止しはじめます。その結果、1866年首都圏コモンズ法を皮切りに、土地所有者によるコモンズ開発を困難にする法整備が進められました。

　とくに興味深いのは、コモンズに対する農民の入会権が保証されるだけでなく、万人のコモンズに対するアクセス権が設定されていくかたちで展開したことです。この大転換への道は、一方で、J. S. ミル（John Stuart Mill, 1806-1873）、オクタビア・ヒル（Octavia Hill, 1838-1912）などが啓蒙活動を精力的に展開し、他方では、都市の労働者たちが逮捕者を出しながらも意図的に不法侵入（trespass）を繰り返し、地主の囲い込みに徹底抗戦した結果、英国全体を動かしたのです。悪いのは逮捕された人たちではなく領主の側だ、という世論が形成され、1932年には「歩く権利法」が制定されました。ただ、同法における歩く権利は、権利内容においても対象地においても限定されていたので、「1949年国立公園およびカントリーサイド・アクセス法」（The National Parks and Access to the Country side Act 1949）をはじめ、さまざまな法令により調整されながら整備がはかられていきました。

　その集大成ともいえるのが、「2000年歩く権利法」（CROW法：Countryside and Rights of Way Act 2000）の制定です。この法律に基づき2009年には水辺（海岸線）にもアクセス権が拡張しました。このような不断の試みと法整備によって、現在の英国には、表5‐1のような4種類の歩行道（Footpath：約18万8700km）から、「コモンランド」（約131万4000 ha）や標高600m以上の広がりを有する「アクセスランド」まで、万人がアクセスできるのです[5]。前者は限られた道幅のフットパス上を線的に、後者は一定の広がりを持つ牧草地や丘陵地を面的にアクセスできるといえる

表 5-1　歩く権利に服する歩行道

歩く権利に服する歩行道の種類	推定距離	各種歩行道での可能な行為				
		歩行	乗馬	自転車	荷積み乗馬	動力付乗り物
Public Footpath 歩行専用道	146,600km	○				
Bridleway 乗馬歩行道	32,400km	○	○	○		
Restricted Byway 制限付きバイウェイ	6,000km	○	○	○	○	
Byway Open to All Trafic（BOAT） 全交通主体に開かれたバイウェイ	3,700km	○	○	○	○	○
総延長	188,700km					

（出典）三俣・齋藤（2022）『森の経済学』（日本評論社）に基づき作成。

でしょう。

■日本の入会林野との違い

　このように、現代の英国には、網の目のように張りめぐらされたパブリックフットパスがあり、所有のいかんを問わず、自然度の高いコモンズを万人が歩きまわることのできる自然アクセスの世界が広がっています。近年、英国（ただし以下、英国はイングランドとウェールズに限定）内では、とくにコモンズへの関心が年々高まってきました。コモンズには生態系の豊かな場所や美し

5）コモンズ保全政策への転換と自然アクセス制への転換についての法制史については、平松紘（1995）『イギリス環境法の基礎研究——コモンズの史的変容とオープンスペースの展開』（敬文堂）、自然アクセス制への展開と現状については、三俣学（2019）「自然アクセス制の現代的意義——日英比較を通じて」『商大論集』（第70巻第2・3号、pp.93-116）を参照のこと。

い景観が存在するためです。

　日本の入会林野とは異なり、英国のコモンズは、所有権や入会権者の持つ権利などがコモンズ登記法にしたがって登記されています。コモンズが英国の総面積に占める割合は3％程度ですが、「特別に科学的重要性が認められる地域」（Site of Special Scientific Interest；SSSI）の21％、先に見たアクセスランドの39％をコモンズが占めています。登記されたコモンズの82％が国立公園ないし「自然の美しさがぬきんでている地域」（Areas of Outstanding Natural Beauty；AONB）に指定されています[6]。

2　自然アクセスを可能にするしくみ

■法制度のしくみ

　自然アクセスのしくみの背骨は、2000年歩く権利法（CROW法）ですが、すでに述べたとおり都市部からはじまり、順次アクセス可能な空間を広げてきた歴史的経緯から、それを規定する法は個別法を含めさまざまです。そのため、権利内容について一概に述べることはできませんが、核心を成す原理原則は、歩く権利です。歩く権利は英語で a right of way ですが、この言葉は同時にアクセスの対象である道そのものを指す言葉です。英国政府の見解では、歩く権利の対象は、上記の確定地図上のフットパス、CROW法下のアクセスランドおよび登記されたコモンズです。フットパスにおいて、「成しうる行為」については、表5-1のように歩行道の種類によって異なります。CROW法下のオープンカントリーおよび登記されたコモンズ上の権利内容について政府は、

6）英国政府ウェブ（ブログ）https://defrafarming.blog.gov.uk/2022/08/08/common-land-findings-from-the-field/

walk（歩く）、sightsee（愛でる）、bird-watch（野鳥観察）、climb（登る）、run（走る）の4つをあげています。反対に含まれないものとして、乗馬、サイクリング、キャンプ、犬以外の動物の散歩など、車椅子などを除く動力付きの乗り物、ウォータースポーツなどをあげています[7]。

　現場における管理実態は、各自治体、所有者、入会権者などによって多様ですが、一般的には、歩行道、アクセスランドの管理については、各カントリーエイジェンシー（イングランドの場合、Natural England：NE）が公式確定地図（definitive map）を作成する義務を負い、地方自治体とその一部門を成す地方公道局がフットパス、アクセスランドの調査、評価、境界確定や変更手続きの業務を担っています。他方、土地所有者はアクセスの妨害物の除去や標識などの設置を義務として負っています。創り出してきた権利ゆえ、大枠はあれども、各地の歴史的経緯や地域性を反映したしくみを採っているのです[8]。

　創出され変容しつづけるゆえの「難しさ」もあります。たとえば、登記されたコモンズ上の権利がその典型です。「歩きまわる」権利は、英語で a right to roam といわれることが多いのですが、私はこれを逍遥権と訳しています。逍遥権を設定するためには、その対象であるコモンズの地理情報や権利が明確に登記されていなければなりません[9]。それがとてつもなく複雑なのです。日本

7）英国政府ウェブサイトhttps://www.gov.uk/guidance/open-access-land-management-rights-and-responsibilities#:~:text=The%20Countryside%20and%20Rights%20of,as%20'open%20access%20land'.

8）コッツウォルズを事例に、アクセスの対象である空間がどのような管理体系になっているかを明らかにしたものとして、山本裕美子・深町加津枝・柴田昌三（2017）「英国 Cotwold 地域における Rights of Way と National Trail の管理」『ランドスケープ研究』（第10巻、pp.26-30）がある。

の入会権とは異なり、一人ひとりの入会権者の持つ権利が違っているのです。たとえば、Aさんは牛を20頭放牧する権利を持ち、Bさんは羊と馬とを放牧する権利をそれぞれ100頭持っている、という具合に複雑なのです。領主層の土地所有者との関係も含め、その一つひとつを確認し登記されてはじめて「登記されたコモンズ」になります。時とともに、所有者、権利者および入会権の内容は変化していきますから、そのつど登記を更新していく必要があります。実際に、筆者が聞き取り調査で訪問したノーフォーク州やカンブリア州の入会登記を担う部署の職員は、コモンズ・歩行道にかかる登記や情報の更新作業について、一様に難航している、と話してくれました。こうした苦労を次項で触れるアソシエーションなどの力を駆使しながら、政府が、Magicという名称を持つGISを使った地図をウェブ上で立ち上げ、いつでも誰でも、歩く権利や逍遥権の服する場所を確認できるようにしています[10]。これによって、特定地区の細部までアクセス権情報を確認することができるのです。ここまで、法制と各アクターの大枠を見てきましたが、次に理念を同じくする共同体、つまりアソシエーションが支える力に触れたいと思います。

■自然アクセスを機能させるアソシエーション

　1865年設立のオープンスペース協会（Open Spaces Society；以下、OSS）[11]はコモンズの保全はもとより、フットパスからコモンズ上での歩く権利の拡大に強いリーダーシップを発揮してきま

9）2000年歩く権利法の成立時は「1965年コモンズ登記法」（Commons Registration Act 1965）に基づいていたが、その後、町内共同緑地（town and village green）の登記も自治体義務とされるなどが加味された「2006年コモンズ登記法」（Commons Act 1965）を根拠としている。

10）https://www.oss.org.uk/how-to-use-magic/

した。同会は、管理面においてもたいへん大きな貢献をしつづけています。ある場所がアクセス可能な空間として機能するためには、たえざる管理行為が必要になります。そのためには、同会の秘書で友人のケイト・アシュブックさんが「私たちは番犬（watching dog）」だとよく話していたとおり、日常的なモニタリングが重要になります。2013年8月23日、私は彼女の紹介で、幸運にもその一端に触れる機会を得ました。ノーフォーク州の西部海沿いの町クローマー（Cromer）から西ラントン（West Runton）まで、同会の地方特派員（local correspondent）[12]のイアン・ウィザムさんの説明を受けながら歩くことができました。以下では、彼と4時間弱、現場を見ながら彼が私にアクセス上の「問題」として解説してくれたことのうち、3点に絞って紹介します。

歩行を妨げるフットパスをめぐって　一つ目は、海沿いのリゾート地の海岸を走るクローマー・フットパスを妨害するかたちで増築された家の問題でした。この家は通称"Outlook"」と呼ばれる建物で、海岸警備のための建物を現在の所有者が買い取り、フットパスの妨害になるような増築をし、フェンスまで建ててしまったというのです。2012年にノーフォーク地方政府当局が開発許可の政令を出してこれを認めたので、2011年にOSSとして、州に対してフェンス撤去を働きかけたそうです（写真5-1）。

　彼が私に説明している最中、ある一人の女性が割って入ってき

11）史的展開についての詳細は、平松紘（1995）『イギリス環境法の基礎研究――コモンズの史的変容とオープンスペースの展開』（敬文堂）の第6章を参照のこと。

12）とくに各地方の情報を新聞記事などから問題を見つけ出し、OSS本部に報告してもらうことがフットパス保全に重要な役割を果たすため、このような呼び名になっていると思われる。かなり英国の自然アクセスに関する関連諸法や実態を知っているボランティアである。

写真5-1　フットパスを
遮断するフェンス
（2013年8月）

ました。近隣に暮らす住民で、この美しい海岸線パスをよく歩き
にくるらしいのです。彼女は、同州当局に異議申し立てをしてい
ると話してくれました。イアンは、OSSもまた申し立てている
ことを彼女に伝えましたが、彼女は「個人愛好者として」訴えつ
づけていくと断言しました。その後のイアンとのやりとりでわか
ったことですが、彼はこれまでの経験上、当局から彼女に異議取
り下げの圧力がかかりうると判断し、OSSがフォーマルに申し
出をしていることをあえて彼女に話したのだそうです。仮に彼女
が取り下げたとしても、OSSが異議申し立てているから安心し
てよい、という配慮だったのです。このように、OSSのような
集団の力だけでなく、自然を愛でてアクセスする近隣住民の持つ
力にも注目しておく必要がありそうです。私たちは、スウェーデ

ンで実施した来訪者調査（第3章参照）を英国のロンドンとグロスターシャー州においても実施しましたが、近隣住民による日常利用が多く、彼らがモニタリング機能を少なからず担っていることがわかっています[13]。

消えゆく海岸線のフットパスをめぐって　彼女との話を終え、歩きつづけると、海を見下ろす崖の上のパスに出ました。クローマーは、ビーチだけでなく断崖に波が寄せる風景が美しいため、CROW法上の特別保全地区（AONB）指定を受けています。しかし、その波が陸地を削り、ここ数世紀で同海岸線上にあったいくつかの村々が消滅しまったというのですから、おどろくばかりです。

　イアンはまた、ここでの問題を教えてくれました。かつては崖の上に沿って存在していたものの、波による浸食作用によって、本来のフットパスが長らく使用できなくなっているというのです（写真5-2）。管轄するNEによって示されたのが、樹木に覆われて、海があまり見えないばかりか、途中から急降下してビーチを歩く代替ルートだったのです。2009年海辺・海浜アクセス法には、こういった崖の浸食が起こった場合には、新しい海岸沿いのフットパスは内陸側に引き直すことができる、と解釈可能な部分があるそうです。彼は、それをしないNEに対して異議を唱えたというのです。私は、自然の作用で浸食されたことはしかたなく、代替ルートが示されるだけでも恵まれているんじゃない？

---

13) 筆者と齋藤暖生が2015年8月21日〜30日、エッピング・フォレストとクリーヴヒル・コモンにおいて実施したアンケート調査。詳しくは、三俣学・齋藤暖生（2023）「英国における自然アクセス制の実態——2つのコモンズでのアンケート調査にもとづいて」『同志社大学経済学論叢』（第75巻第1号、pp.71-99）を参照されたい。

写真 5 - 2　海岸の浸食によって消えたフットパスの行方は？（2013年 8 月）

と思いましたが、市民にとってよりよい状態を確保しつづけることも、OSS の重要な役割だと彼は話してくれました。英国各地の OSS のボランティアがフットパスやコモンランドを歩いては問題を見つけ、OSS を通じ、あるいは直接 NE に報告・是正を求める様子が実際に理解できたのでした。

ゴルフ場の標識をめぐって　崖上のフットパスをさらに南西に歩みを進め、制限付きのフットパス（restricted byway：表 5 - 1 を参照）に入ると、ゴルフ場（The Caravan Club Incleboro Fields）の前に、標識が出ていました。ゴルフコース上をフットパスの一部が通っているのですが、その道の端に「ゴルファー優先」「歩行者は警戒せよ」と書かれていたのです（写真 5 - 3、5 - 4）。これもイアンは見逃さず、注意すべきはゴルファーの側だと私に話しました。この件について、彼はさっそく州当局に申し入れをし、お

写真 5-3 ゴルフ場に延びる Byway と警告表示
（2013年8月）

よそ3カ月後に戻ってきた以下の回答を私に送ってくれました。

West Runton Restricted Byway 6の一般使用に関するお問い合わせにつき、ありがとうございます。私たちは、現地調査を行い、ゴルフ・クラブの代表者と相談しました。誤解を招くような看板については、同クラブと話し合い、「ゴルファーが優先」という文言を削除するよう指示しました。ゴルファーがスイングをはじめる前に、制限されたバイウェイの利用者に十分な配慮をする必要があることは明らかです。また、ゴルフ・クラブは、スコアカードへの警告や適切なティーグラウンドに「他のゴルファー、歩行者、車両に注意してください」という文言の看板を設置し、ゴルファーにその責任を知らせるあらゆる措置をとることに納得し

写真 5 − 4　ゴルフ場の間を延びるフットパスと警告表示（2013年8月）

ています。しかし、ゴルファーのスイング中は、横切る人や車を意識することは不可能であることも明らかです。したがって、フットパスの利用者に対するゴルファーへの注意喚起の警告には正当な理由もあり、現在の看板はその目的にも適っているとわれわれは考えます。

　イアンの指摘を受け入れ、管理者であるゴルフ・クラブに是正を要求し、「ゴルファーが優先」の文言を削除させる一方、看板が一概に妥当性を欠くものではない、という回答を出したわけです。事故をはじめトラブルの火種を事前に摘むという意味でも、こうした OSS の果たす意義は大きいものです。このような不断

の調整があってはじめて、同一空間の重層的利用つまり自然アクセスがしくみとしてつくられ、そして機能しているのです。

3　自然を愛でる文学や思想が持つ力

■リーバンクスとポター

　湖水地方で600年以上つづく牧羊業の家系に生まれたジェームズ・リーバンクス（James Rebanks）が、2015年に著した『羊飼いの暮らし』という本があります。全英で大きな話題となり、すぐに日本語にも翻訳されました[14]。フェル（fell）と呼ばれる岩肌が随所にむき出しになっている山岳・丘陵地が優勢な北東部の一帯は、古くから独特な高地放牧がコモンズでつづけられてきました。自分たちの居つく地理的範囲を母羊から教えられた羊たちは、コモンズに囲いがなくても、よそにさまよい出てしまうことがありません。それが数世代継承されてきたヘフト（heft／hefting）という特殊な高地放牧なのです。そういったヘフトの技があるゆえ、崖にあえてコモンズ境界柵を設けなくてもよい、ともいえます。同地の羊毛は珍重されますが、1頭の羊を育てるのにはたいへんな苦労があります。リーバンクスの本には、「湖水地方における牧羊業の春夏秋冬のドラマ」が、湖水の自然、気候、彼の家族、コモンズの仲間の様子、彼自身の心の機微とともに、じつにリアルに描かれています。

　湖水地方も舞台にした『ピーターラビット』の絵本で有名なビアトリクス・ポター（Helen Beatrix Potterr, 1866-1943）がいますが、リーバンクスは彼女を「もっとも敬愛している」人物として

14）ジェイムズ・リーバンクス（2018）『羊飼いの暮らし――イギリス湖水地方の四季』濱野大道訳、早川文庫。

描いています。その理由は、絵本のすばらしさだけでなく、頑固にこだわりぬく彼女の牧場経営と自然保護の姿勢にありました。ポターは、湖水地方の豊かな自然に忍び寄る開発から同地を守るため、彼女の手がけた15軒の牧場と4000エーカーの土地をナショナル・トラストに遺贈したのです。

■ワーズワスの文学と思想

　ポターに先立つこと約100年前、カンブリア州コッカーマスで生まれた英国のロマン派文学の巨匠ワーズワス（William Wordsworth, 1770-1850）は、産業革命が極点を見た時代に同地で活躍しました。それは先に見た「コモンズ保全から万人の自然アクセス制時代」にさしかかる時期でした。工業都市部の劣悪な環境から逃れようと、富裕層だけでなく労働者たちは、束の間の休日、清浄な空気と牧草地や水辺の広がる湖水地方をめざしました。そのために、彼らを乗せて運ぶべく鉄道敷設がはじまったのです。ワーズワスは、湖水地方の自然がただ脅かされるだけでなく、退廃した都市生活までもが津波のように押し寄せてくることに危機を覚え、猛然と反対しました。しかし、彼の主張は、反進歩的ととらえられ一般には受け入れられにくく、ケンダルからウィンダミア間の鉄道が1847年に開通しています[15]。このとき、ワーズワスに強い支持を表明したのが、経済思想家のジョン・ラスキン（John Ruskin, 1819-1900）です[16]。

---

15) しかし、彼の主張は、彼の死後も引き継がれることになり、1875年にウィンダミアからケズィックへ鉄道を拡張計画が提起された際には、これを阻止する動きにつながりました。

16) 池上惇は、ラスキンを文化経済学の始祖として位置づけ、彼の思想の現代的意義を説いている。池上惇（1993）『生活の芸術化──ラスキン・モリスと現代』丸善ライブラリー。

ワーズワースのように感じる人は少ない。彼等は思慮なき大衆によっておしつぶされる。しかし少数意見だからといって、国民の議会においてまったく考慮されなくていいのか。美と力が人の心に及ぼす影響を考えて一地方を貪欲な利用者達の攻撃と邪悪から守ろうとする努力が全体的な、説得力のない嘲罵に出会わねばならないのか[17]。

ラスキンは、1895年に誕生したナショナル・トラストの創設者の一人であるオクタビア・ヒルの社会改良運動を早くから支援していました[18]。ヒルは貧民救済にオープンスペースの重要性を早くから論じていました。ラスキンの論敵でもあったJ. S. ミルもまた、コモンズ保全協会（OSSの前身）設立時のキーマンで、コモンズ保全を通じた自然の持つ役割や意味を世に問うたのです。シェイクスピア研究者で環境思想史にも通じているジョナサン・ベイトによれば、このコモンズ保全から歩く権利化へのシフトを迎えた時代の立役者らに強い影響を与えたのはワーズワスだといいます。ワーズワスは、栄華をきわめる資本家の裏で、自然がつぶされ、子どもたちがその犠牲になっていることに対し、次のように強く憤っていました。

「人々がさわやかな空気を吸い、緑の大地を歩く」姿はもはや見られない。「公道の緑の縁」すなわち皆のものである共有スペースも存在しない[19]。

---

17) 並河亮（1982）『ワーズワースとラスキン』原書房、p.54。
18) グレアム・マーフィー（1992）『ナショナル・トラストの誕生』四元忠博訳、緑風出版。
19) ジョナサン・ベイト（2000）『ロマン派のエコロジー——ワーズワスと環境保護の伝統』小田友弥・石幡直樹訳、松柏社、p.75。

こういう状況を余儀なくする工業社会、急速な資本主義化をワーズワスは強く否定し、自然に依拠する人間の社会を望み、詩を書き綴ったのです。このように、自然からインスピレーションを受けて生み出される文学や思想が持つ力が、英国の自然アクセスのしくみの根幹にあるように思います。

■同一空間の重層的利用の難しさをどう超えるか

　他章でも触れましたが、最後に同一空間をさまざまな人が利用することの難しさを再度、リーバンクスの「ため息」のようにも感じられる以下の記述から確認しておきます。

　　農場での毎日の仕事のほとんどを占めるのは、土地と羊の管理に必要な諸々のつまらない作業だ。石垣の修復。薪割り。脚の不自由な羊の介護。子羊の寄生虫駆除。群れの移動。…（中略）…柵に引っかかった子羊の救出。犬小屋の掃除。雌羊と子羊の尻尾の汚れた毛の切除。車で通りすぎる観光客は気づきもしないだろうが、農場ではそういった仕事がひっきりなしに発生する。湖水地方の絶景は、眼に見えない無数の仕事の積み重ねによって生み出されたものなのだ。／反対側から誰かがやってくるのに気づき、群れ前方の羊が立ち止まった。観光客たちはおびえる羊たちのあいだを縫うように進み、私の横を通り過ぎる。「ハロー」と声をかけられたので、こちらも「ハロー」と応じると、そのまま彼らは小道を先に進んでいく。ふと見ると、グループのひとりがアルフレッド・ウェインライトが著したガイドブックを手に握っている。／彼らの誰かひとりでも、祖父が造った石垣に眼を向けるだろうか。あるいは、その存在に気づくだろうか。あるいは、誰が造ったのかと考えるだろうか[20]。

20）リーバンクス前掲注14）、p.78。

このように、暮らしの糧を得る場とレジャーの場の共存は可能かという問い、葛藤、それを乗り越える試練はなおつづくだろうと思われます。私の友人で、カンブリア大学・リグ農業専門学校でも教鞭をとり、高地農業やコモンランドの重要性を説きつづけてきたアンドリュー・ハンフィーズさんは、農業を営む入会権者が自分たちの意見や主張をしっかり発信する必要があることを説いてまわり、カンブリア州の入会団体の連合化を試みました。結果、2003年にカンブリア入会権者連合の設立を見ました[21]。同連合のウェブサイトには、高地コモンズは「万人に開かれている（Open to All）」空間であると明記し、それにつづけ「農業の営みによってつくられたランドスケープであることをどうかお忘れなきよう願います」と書き添えています[22]。ここには、アクセスを受容する高地コモンズで日々の暮らしをかけてつづけられてきた牧羊業こそが、都市住民や世界の人が恋焦がれる「人と自然の織り成す美」を創り出していることに対して、無自覚で敬意を欠くような振る舞いは、自然アクセスをめぐり紡ぎ出されてきた関係を破壊することにもつながる、という言外の意があるように思えます。

　OSSやランブラーズ協会などアクセス権を確たるものとするアソシエーションをはじめ、入会権者、土地所有者、行政とが同一のテーブルについて議論をつづけています。このような無数の調整が、歴史的大転換を遂げた現在の英国アクセス制の基礎を成している、といってよいでしょう。時代の要請に応じ変化してい

---

21) 概要については、三俣学（2009）「21世紀に生きる英国の高地コモンズ——その史的変遷の分析」室田武編『グローバル時代のローカル・コモンズ』ミネルヴァ書房、pp.237-261。

22) Federation of Cumbria Commoners website（https://cumbriacommoners.org.uk/）を参照。

写真5-5
ブラックベリー摘みを
楽しむ女性
（2013年8月ウィインブルド
ン・プトニーコモン）

くのが、英国アクセス制の特徴かもしれません。2000年CROW
法では対象外のベリー摘みの現場にも、私たちはウィンブルド
ン・プトニーコモンで数多く遭遇しました（写真5-5）。近い将
来、採取もまたアクセスの権利の一つになるかもしれません。

（三俣学）

第 6 章

スイスの旅
身近な森を気軽に楽しむ人々

チューリヒの森を歩く人々

1 クリスマスのチューリヒ

スイスは言わずと知れた観光の国。アルプスの美しい山並み、湖や牧草地、森が織り成す絶景に、歴史と文化を感じさせる街並み。その魅力は世界中の旅行者を虜にします。みなさんもスイスと聞けば、なにか美しい風景が眼に浮かんでくるのではないでしょうか。

そんなスイスの国土面積は、日本でいうと九州（7県）と同じくらい。人口は、2021年現在で874万人[1]。九州の人口は2020年現在で1278万人[2]で、人口規模は九州の7割ほどですが、スイスの人口は年1％ほど増加しつづけています。この欧州でも有数な規模の人口増加をもたらしているのは移民の流入です。2021年現在では人口の26％が外国人で[3]、欧州でも最も外国人の多い国の一つとされています。とくに都市部では外国人が多く、両親のどちらかが外国籍だというケースも一般的。友人や仲間とグループで集まっても生粋のスイス人は一人だけ、なんてこともめずらしくはないそうです。

空の玄関チューリヒ空港に降り立ち、スイス最大都市チューリヒの中央駅へ向かってみましょう。中央駅では多様な顔立ちの人々が忙しそうに行き交っています。チューリヒは、スイスの経済の中心地でありながら、歴史的な街並みも魅力的。中央駅から伸びるメインストリートには、高級ブランド店から小さく個性的なお店まで多彩な店舗が建ち並び、通りはショッピングを楽しむ

1）Bundesamt für Statistik（BFS）（2022）Switzerland's Population in 2021.
2）総務省統計局（2022）『日本の統計2022』https://www.stat.go.jp/data/nihon/index1.html
3）Bundesamt für Statistik（BFS）前掲注1）。

人々であふれています。

　このチューリヒの街をクリスマスに訪れたら、どんな光景が広がっているでしょうか。通りでは幸せそうな恋人たちがきらめくイルミネーションのもとでショッピングを楽しみ、広場ではクリスマス・マーケットが開かれ大賑わい？……いいえ。じつはクリスマスの街中は店も閉まっており、いつもは人であふれかえる通りも静かです。喧噪のかわりに、教会からときおり響き渡る鐘の音がいつも以上に心に染み入ります。スイスの人々にとってのクリスマスは、家族で語らい過ごす日です。日本でいうならば、ちょうど除夜の鐘の音を聞きながら迎えるお正月のような感じでしょうか。しっとりと心が洗われるような時が流れています。

　そんなクリスマスのチューリヒで、人々が集っている場所もあります。一つは教会。そしてもう一つは、森です。クリスマスに市内の森を訪れると、家族連れで語らいながら散策路を歩き、立ち止まっては景色を楽しむ人々がいます（写真6-1）。世界的な観光地や国際色豊かな国としてのスイスとはすこし異なったスイスの横顔といえるかもしれません。

2　普段の暮らしに溶け込む森

　スイスの連邦政府は、1997年からスイスの人々と森との関係を把握するために世論調査を行っています。社会文化的森林モニタリング（WaMos: Waldmonitoring soziokulturell）と呼ばれる調査で、2020年には3回目となる調査、WaMos3が実施されました。年齢や性別、居住地域などのバランスをとった3000名を超える調査対象者から集め、研究機関で分析された詳細なデータがまとめられています[4]。その結果から、現在のスイスの人々と森の関係を見てみましょう。

写真6-1　クリスマスに森を歩くチューリヒの人々（2016年12月）

　みなさんは、休暇ではなく日常生活の中で森に行く機会はどのくらいあるでしょうか。WaMos3の結果は、図6-1のようになっています。スイスでは、春から秋にかけては半数以上の人々が週に1〜2回以上の頻度で森に訪れています。寒い冬でも3割近くの人々が週に1〜2回以上、6割の人々が月に1〜2回以上は、日々の生活の中で森に訪れているのです。雨の日も雪の日も森には人がいます。休暇にすこし遠い森まで足を運ぶ機会などを合わせたならば、いったいどのくらいの頻度になるのでしょうか。

　これだけ頻繁に行く森は、物理的にも人々の身近にあります。

4）Hegetschweiler, K.T., Salak, B., Wunderlich, A.C., Bauer, N., Hunziker, M. (2022) "Das Verhältnis der Schweizer Bevölkerung zum Wald. Waldmonitoring soziokulturell WaMos3: Ergebnisse der nationalen Umfrage," *WSL Ber.* 120: 166 S.

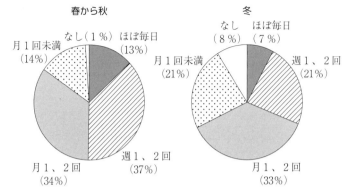

図 6-1　休暇以外で森林を訪れる頻度

資料：Hegetschweiler, K.T., Salak, B., Wunderlich, A.C., Bauer, N., Hunziker, M. (2022) "Das Verhältnis der Schweizer Bevölkerung zum Wald. Waldmonitoring soziokulturell WaMos3: Ergebnisse der nationalen Umfrage," *WSL Ber.* 120, p.85.

森に行く手段として最も多いのが徒歩です。じつに67％の人が徒歩で森に行くと回答しています。最近は、e-bike が普及したためか、自転車で訪れる人も徐々に増えているようです。森までの所要時間は57％の人が10分以内だそうです。森での滞在時間は31〜60分という人々が最も多く（42％）、6割の人が1時間以内の滞在です。ふらっと歩いていってプチ滞在。そんな気軽さで森を訪れています。スイスの国土に占める森林の割合は31％。日本（68％）よりはるかに少ないのですが、チューリヒのような大都市でも中央駅からトラムに5分も乗れば小高い丘の麓へとたどりつきます。住宅街が広がる坂を登れば、その先は森。ケーブルカーやバスを使って行くこともできます。チューリヒの美しい街並みの向こうにチューリヒ湖が広がり、その向こうには天気がよければアルプスの山々まで展望できるスポットもあります。

　では、そんな身近な森へ頻繁に訪れて、いったいなにをしているのでしょうか。大部分の人々（86％）は、まず散歩やハイキン

グだと答えます。さらに、半数以上の方が自然観察（57％）や安らぎを得ること（55％）をあげます。気負って特別なことをするというよりも、なにげなく訪れる場として森がある、そんな暮らしなのかもしれません。もちろん森でなんらかのアクティビティを楽しむ人々もいます。ピクニックや焚き火（24％）、子どもの遊び（18％）、キノコや枝葉などなんらかの採取（18％）、犬の散歩（16％）、ジョギング（15％）といったアクティビティが人気のようです。スイスの人々は焚き火が大好き。スイス人の魂なのだと熱く語る方もいらっしゃいます。

　さらに、森へ行くモチベーションについても尋ねています。モチベーションになりうる項目に対して、まったく当てはまらない場合は"1"、まったくそのとおりという場合は"5"として評価点をつける調査でした。この調査で高い評価を受けたモチベーションにはどのようなものがあったのでしょうか。高い順から（いずれも平均値）、よい空気を楽しむ（4.5）、自然を体験したい（4.4）、なにか健康になることをしたい（4.2）、日常から離れたい（4.1）、家族や友達と過ごしたい（3.6）があげられています。クリスマスに家族と森へ訪れる人々の動機は、このあたりにあるのでしょう。たしかに、家の中でテーブルを挟んで会話をするよりも、新鮮な空気と美しい景色を眺めながら話をするほうが、喧嘩にもなりにくいのかもしれませんね。これはあくまでも想像ですが。

　多くの人々が多様に楽しむ森の中では、ときには問題も生じます。森林レクリエーションを楽しむなかでなんらかの支障を感じたことがあると回答した人は、2010年調査では4人に1人ほどでしたが2020年調査では半数近くへと増えています。なかでも最も多くの方があげるのはゴミ（38％）や破壊行為（33％）。次いで多いのが、音楽を響かせながら行われるパーティ（23％）や自転車

（21％）です。

　マウンテンバイクは近年人気のスポーツで、森の中にも自転車に乗ったバイカーがたくさんいます。なかでも急斜面をジャンプなども交えながら勢いよく下るコース（写真6‐2）は、エキサイティングで若者に人気です。最近は e-bike が普及しているので、体力がなくても登り坂を自転車で進むこともできます。スイスの場合、山の上まで自転車も運べるケーブルカーなどの公共の交通機関も充実しているので（写真6‐3）、誰でも気軽にマウンテンバイクが楽しみやすい環境にあります。風を切って坂を下る快感とスリルはマウンテンバイクの魅力なのでしょうが、同じ道を歩く人々にとっては恐怖に感じることも少なくありません。とくにリスクのある道は、ハイカーが歩く道とは別につくられていますが、それでも両者が交わる場所や共有する場所もあります（写真6‐4）。バイカーとハイカーのコンフリクトは、スイスの森でも悩みの一つです。

3　子ども時代から育まれる森との関係

　人々が森へ気軽に訪れる習慣は、子ども時代から育まれます（写真6‐5）。スイスでは、8割以上の人々が幼少期において森は重要だととらえています。実際に約7割の人々が幼少期に大人と頻繁に森へ行ったと回答し、半数以上の人々が大人の監視なしに子どもだけで頻繁に森へ行ったと回答しています。両親や学校の先生などに連れられて森へ行くだけでなく、自分で遊ぶ場としても、小さなころから森に親しんでいるようです。

　ところが、ティーンエイジャーになると、森へ行く機会は減るようです。年齢別に見た森への年間訪問日数は、年金生活者で平均76日、25〜64歳では平均62日なのに対して、18〜24歳では平均

写真 6 - 2　マウンテンバイク・コースで坂道を勢いよく下るバイカー
（2017年 3 月）

写真 6 - 3　ケーブルカーで山の上のマウンテンバイク・コースへ
（2017年10月）

写真 6 - 4　マウンテンバイク・コースと散策路が交差する地点もある
（2017年 3 月）

写真 6 - 5　パパといっしょにマウンテンバイク・デビュー!?
（2017年10月）

33日、18歳以下では平均40日と少なめです。森へまったく行かない、もしくはほとんど行かないという人に理由をきくと、若者の特徴が見えます。自由時間には森以外で行われるアクティビティをするからという理由をあげる人が大人よりもはるかに多く（69％）、友人が森へ行かないからという理由（39％）、森に一人でいるのが落ち着かない（36％）といった理由がこれにつづきます。「若いうちは友人たちとにぎやかに楽しむ時間を好む」といったところでしょうか。

　Z世代のティーンエイジャー、クララの例をご紹介しましょう。クララの両親は森の中で過ごす時間やハイキングが大好きで、クララも小さなころから両親に連れられて頻繁に森へ行きました。普段は自宅近くの森で、休暇になれば親の実家があるリギ山やアルプスの麓の町にすこし長めの滞在をしながら、その地域の森を堪能するといった感じです。森の中で花を摘み、親にプレゼントしては喜ばせたこともあります。すこし大きくなると、乗馬を習うサマースクールへ通うようになりました。乗馬は女の子に大人気。馬の世話をしたり、森の中を乗馬で散策したり。馬の世話に夢中になれば悪い虫もつきにくいのではと、女の子を持つ親が娘にすすめたくなる趣味でもあるようです。でも、ティーンエイジャーになった今では、あまり森に行かなくなったといいます。友達の多くは外国出身。友達には森へ行く習慣はないようで、おしゃべりは家や街中で楽しみます。クララも一人で森に行くのはすこし怖く感じるようになったといいます。それでも、彼女にとって森は想い出の多い大好きな場所の一つ。そのうちに恋人やパートナーと、さらには彼女自身が子どもたちを連れて、ふたたび頻繁に森へ行くようになる日々がやってくるのかもしれませんね。

4 スイスの森林アクセス権——権利と責任

スイスにおいては、森林アクセスに関するさまざまな事項が、森林法だけでなく、憲法や民法にも定められています。

今からじつに100年以上前、1907年に成立したスイス民法典は、第699条の第1項で森林への立ち入り権を次のように規定しています。

第699条
1．森林および牧草地への立ち入り、ならびに野生のベリー類およびキノコ類の利用は、耕作のために権限のある官庁が個別に具体的に定めた禁止令を発しないかぎり、その地域の慣習の範囲内で、すべての人に許容される。

スイス連邦森林法が1991年に制定されると、以下のような規定が加わりました。カントンと呼ばれる州政府にはさまざまなことが求められています。

第14条
1．カントン（州）は、森林が一般の人々に開放されているように努める。
2．カントン（州）は、森林の維持または他の公益的な利害、とりわけ植物と野生生物の保護のために必要な場所で、
　a. 特定の森林エリアへのアクセスを制限し、
　b. 森林における大規模な催しの実施を許可制にすることができる。
第15条
1．森林内と林道は、林業経営目的にかぎり、自動車での走行が

許容される。連邦参事会は、軍事的課題とその他の公共的課
　　題に対する例外を規定する。
2. カントン（州）は、森林の維持やその他の公益的な利害に反
　　しない場合、その他の目的で通行を許すことができる。
3. カントン（州）は、適切な表示と必要なコントロールに努め
　　る。表示とコントロールが不十分な場所では、柵を設置でき
　　る。

　ルールの詳細は、州によって異なります。たとえば、林産物の
採取は自家用にとどめるとする州もあれば、一定の重量以内であ
れば販売も可能とする州もあります。スイスの人が愛するという
焚き火も、特定の場所に限る州があれば、基本的に自由だとする
州もあります。

　森で不幸にもなんらかの〈事故〉が起こった場合の責任の所在
は、スイス連邦債務法に定められています。それによると、森林
所有者は、典型的な自然の危険に関しては責任を負いませんが、
施設（人工物）の所有者は、欠陥のある設備または施設の不完全
な維持に起因する損害を補わなくてはならないことになっていま
す。

　ここでいう「施設」とはなんでしょうか。たとえば、小屋やベ
ンチなどはわりやすい例でしょう。では、道の脇に積み上げられ
た木材や林道は、どうでしょうか。これらも「施設」になりま
す。では、誰かが森の中に入り込んで、マウンテンバイク用のジ
ャンプ台をつくったとしたら？……これも「施設」となり、森林
所有者の責任が問われる可能性もありうるそうです。森林所有者
には、なかなか厳しいルールですね。

　たとえば、森の中で樹木の伐採を行う際などは、休養を楽しむ
人々に危害を与えないように道に標識を出して立ち入りを防ぎま

写真6-6　伐採関連作業中のエリアに置かれた伐採作業中を示す標識
（2011年7月）

す（写真6-6）。それでも標識を無視して入ってくるハイカーや
道ではないルートから侵入する人もいます。そうしたリスクが高
い場所では、標識だけでは回避できない危険を避けるため、利用
者を止める人を配置することもあるといいます。森林所有者の負
担は大きくなりますが、事故を避けるためなら、仕方ありませ
ん。

　こうした状況に対して、森林所有者が不満を持つこともありま
す。そこで、人々の森林へのアクセスによって生じる追加的な負
担を補填するために、森林所有者へ補償金を支給するしくみを導
入した州もあります。フリブール州では、2009年からレクリエー
ション利用にともなう負担を補填するために、当初は年間100万
フラン、2017年時点では年間60万フランの予算を確保し、市町村
有林に対して面積や人口、機能などに応じた補償金を支払ってい

ます。

5　森へ誘う道と標識

　スイスの森で散策路を歩くと、あちこちに目にもあざやかな黄色の標識が立っていることに気づきます（写真6-7）。黄色地に黒文字でシンプルに記載された標識案内に従って進めば、方向音痴でも安心して目的地までたどりつくことができます。この標識や散策路を整備しているのは、Schweizer Wanderwege という団体です。Wanderwege は、スイス全土に広がる6万5000km を超えるハイキングコースと約5万箇所ある標識の設置や整備を担っています。首都ベルンにある連邦組織のほか、スイス26州のすべてに地域組織、隣国リヒテンシュタインにも地域組織に準じた組織があり、担当職員やボランティア、地域によっては自治体職員や森林官の協力のうえに、毎年、すべての標識やハイキングコースがチェックされています。コースは利用者に求められるレベルに応じて3種類に分けられ、色の違いで示されています。通常のハイキングコースは、シンプルな黄色のみの標識。ここは、通常の注意を払えば誰でも楽しめるコースです。たとえば、川があるなら、橋が架けられています。2つ目の山岳コースは、白と赤でマークされています。ここでは、確かな足元と体力や体調の備えなどが求められます。川があるなら、渡るための石が置かれているようなコースです。上級者用のアルペンコースは、白と青でマークされています。ここでは、ときに道なき道を進みます。利用者には危険性の熟知と山道用の十分な装備、十分な体力などが求められます。川があっても、基本的にはなにもしません。自らの力で渡る必要があります。

　この Wanderwege という団体が最初に設立されたのは、チュ

写真 6 - 7　Wanderwege がハイキングコースに設置した標識
（2011年7月）

ーリヒ。ヤコブ・エスという教師が学校の授業でハイキングをし
た際、彼らは自動車などの交通量や砂埃、排気ガスなどに身の危
険を感じながら歩かなければなりませんでした。その経験から、
トラムの駅から森へ誘うハイキングコースと統一された標識を設
置する協会をチューリヒに設立したのが1933年[5]。翌年には全国
組織が設立されました。

　その後、第二次世界大戦中には軍の命令で標識の撤去が求めら
れましたが、その際は標識に代わるハイキング方法としてガイド
付きツアーが普及したといいます[6]。さらに、戦後、さらなるハ
イキングコースの整備を求めた人々の求めに応じて、1979年には

---

5 ）Transa Backpacking AG（2019）"Die Erfindung der Wanderwege," *4-seasons: Harbst 2019*, pp.24-25. https://www.transa.ch/assets/download/50/4-Seasons-Herbst-2019-8150.pdf

スイス連邦の憲法第88条において、連邦政府はハイキングコースやサイクリングコースのネットワーク構築のための原則を定めなければいけない旨が規定され、これに基づき、ハイキングコースに関する連邦法も定められました。スイスの憲法は世界的にもユニークで、人々が体験し重要性を納得したこと、国民生活にとって重要なことは、個別具体的な問題であっても遠慮なく盛り込まれた「手づくり憲法」だといわれます[7]。世界広しといえども、スイスのようにハイキングルートの整備に関して憲法で定める国は、そうないのではないでしょうか。

　法的に明確な根拠を持ってスイス全土で丹念に整備されネットワーク化された安全なハイキングルートは、スイスの人々のみならず、世界各地から訪れる旅行客にとっても安心してハイキングを楽しむことができる基盤となっています。まさにインフラから森が広く人々に開かれているといえるでしょう。

　現在では世界中から旅行客が訪れる観光地としてのスイスの歴史は、じつはさほど長いものではないようです。つい200年ほど前まで、アルプスはヨーロッパの人々にとって悪魔の住処だととらえられ、恐れられていたといいます[8]。近代に入ってから登山が関心を集めるようになり、アルプスの未踏峰がつぎつぎと登頂された19世紀半ばはアルプス登山の黄金時代、それがさらに大衆化された19世紀後半は銀の時代と呼ばれています。19世紀後半から20世紀にかけてはつぎつぎと観光客用の山岳鉄道がつくられていきました（写真6-8）。初期のアルプス登山ブームを牽引した

6）Schweizer Wanderwege の Web サイトによる。https://www.schweizer
　-wanderwege.ch/de/Ueber-uns
7）美根慶樹（2003）『スイス——歴史が生んだ異色の憲法』ミネルヴァ書
　房、pp.i-v。
8）小泉武栄（2001）『登山の誕生』中公新書。

写真6-8　アルプスの山の上まで伸びる山岳鉄道
（2011年7月）

のは、主に紳士階級の英国人でした。アルプス観光の拠点の村、インターラーケンは、1820年代には「英国の植民地」にも等しいものだったといいます[9]。地元スイスの人々はイギリス人などのために登山の障害を除き、道を拓き、ときには荷物だけでなく紳士や淑女も担いで運ぶガイド役だったそうです[10]。1857年には、アルプスの観光開発や調査研究を目的とした最初のアルペンクラブがロンドンに設立され、エリート層の学術面でのたまり場となりました[11]。一方、1863年にはスイスでスイス・アルペンクラ

9) J. ヘルマント編（1999）『森なしには生きられない』山縣光晶訳、築地書館、p.105。
10) Jan Müller（2013）"Geschichte und Kultur des Wanderns," *Friedrich Reinhardt Verlag*, p.39.
11) ヘルマント編注9）、p.105。

ブが設立されたのですが、この団体は避難小屋の建設や標識のある登山道の開設、地図の発行やガイドの保険などに貢献したそうです[12]。スイスの人々の間でハイキングが普及したのは第一次世界大戦後のこと[13]。ハイキングがブームとなるなかでルートの問題が懸念され、Wanderwege が設立され、さらには憲法でルート整備が定められる——こうした流れは、アルプスの道を整え、安全のための基盤整備に力を注いできたスイスの人々の歴史とつながっているのかもしれません。

　大都市チューリヒにもアクセスしやすい森があり、市民が安心して歩けるルートがあって、アルプスでも、体力のある人からない人まで、それぞれに自然を堪能できるルートが整えられているという今の姿は、自然と生まれたわけではなさそうです。レクリエーションの基盤づくりを大事にしてきた人々の想いの結晶といえるのではないでしょうか。

6　スイスの人々の多様性

　さて、これまでスイスの人々について語ってきましたが、スイスの人々と一口に言っても、言語や文化は多様です。公用語は、ドイツ語とフランス語、イタリア語にロマンシュ語の4つ。主要言語は地域によって異なっており、ドイツ語圏がかなりの面積を占めていますが、西部のフランス国境側にはフランス語圏、南東部のイタリアに突き出たような地域はイタリア語圏、東部の一部にはロマンシュ語圏があります。スイスの街中、駅や通りの看板には複数の言語が併記され、スイスの人々の3分の2は日常的に

---

12) 同上。
13) Müller 前掲注10)、p.39。

複数の言語を使用しているといわれます。ドイツ語圏のテレビではドイツのニュースが放映され、フランス語圏のテレビではフランスのニュースが放映されています。スイスの旅の最後に、こうしたスイスの多面性にも触れておきたいと思います。

　旅の前半で紹介した世論調査 WaMos3 では、ドイツ語圏、フランス語圏、イタリア語圏の人々の特徴も把握されています。結論から言うならば、スイスでは、とくにドイツ語圏の人々が森を身近に感じているようです。たとえば、年間の森への訪問日数は、ドイツ語圏では年間平均70日ですが、フランス語圏では53日、イタリア語圏では51日と、ドイツ語圏の人々のほうがかなり頻繁に森へ訪れています。森との物理的な距離も違うようです。森へ10分以内に到着する人々の割合は、ドイツ語圏では61％なのに対して、フランス語圏では45％、イタリア語圏では51％にとどまっています。フランス語圏やイタリア語圏の人々は、ドイツ語圏の人々よりも森でのレクリエーションにかかわる支障を感じる人が多く、幼少期の森の重要性を指摘する人は少ないといったこともデータから明らかになっています。

　もう一つ気になるのは移民の存在です。冒頭で紹介したように、スイスには多くの外国人が住んでいます。こうした移住者が「地域の慣習の範囲内で」認められている森林アクセスの内容を理解せずにトラブルになるといったことは起きないのでしょうか。これまで筆者は、スイスの複数の州で、この疑問を森林官など森に深くかかわっている方々に投げかけてみましたが、いずれも回答は同じでした。「移民の人たちは、そもそも森へ来ないので、問題は起きていない」

　たしかに、スイスで都市や都市近郊の森へ行っても、移民風の人に会うことは滅多にありません。アルプスの観光地には外国人観光客も多いのですが、山岳鉄道などの公共の交通機関が発達し

ており、多くの観光客は車窓から、もしくは駅近くの展望スペースで景観を楽しんでいるようです。スイスにおける人々と森の関係の多様さに注目すると、自然景観やインフラが充実していればみんなが同じように森林に親しむようになるというわけではなく、森と人の親密さには人々が持つ文化的な背景や価値観なども映し出されていることに気づかされます。

（石崎涼子）

第 7 章

ドイツの旅

自然の中をガシガシ歩く

歩き疲れたら森の中のカフェで

1 森の国ドイツ

　ヨーロッパの旅の最後の訪問国はドイツです。

　みなさんはドイツに対してどのようなイメージを持っているで
しょうか。サッカーで熱気に包まれる人々や1ℓのジョッキで飲
むビール、ベンツやBMWといった性能の高い高級車、もしか
したら制限速度がないアウトバーンという人もいるかもしれませ
ん。いずれもタフで豪快なイメージです。一方で、ドイツに森の
国というイメージを持たれている方もいるでしょう。黒い森を意
味するシュヴァルツヴァルトは日本でも有名です（写真7-1）。
この森の国ドイツとタフで豪快なドイツという2つのイメージ
は、ドイツの人々と森のかかわりに着目すると、筆者にはきれい
に重なって見えるような気がしています。みなさんはドイツの旅
の終わりにどのように感じるでしょうか。

　それでは、ドイツの人々と森を訪ねてみましょう。

　ドイツの国土面積は日本とほぼ同じですが、日本が細長い列島
なのに対してドイツの国土はおおむね長方形にまとまっていま
す。海岸線は日本の10分の1以下、陸続きで接する9つの隣国と
の境界線のほうが海岸線よりも長い大陸国です。国境といって
も、かならずしも大きな河や高い山脈が両国の土地を隔てている
わけではありません。路肩にある小さな看板を見落としたら気づ
かないうちに隣国の領内に入っていたといった状況も起こりえま
す。歴史をたどると、今のドイツのルーツとなる領域は時代によ
って変遷しており、そもそもドイツがひとまとまりの国家となっ
てからの歴史は百数十年と長くはありません。第二次世界大戦後
には、西ドイツ（ドイツ連邦共和国）と東ドイツ（ドイツ民主共和
国）に分断された後、1990年に再統一されるといった経験もして

写真 7 - 1　ドイツ南西部に広がるシュヴァルツヴァルトの風景
（2017年 9 月）

います。

　登山の歴史においては、ドイツの特徴が英国との対比で示され
ています。英国が厳選された一流登山家による選良主義を採った
のに対して、ドイツは大衆主義の代表例とされているのです[1]。
19世紀半ばにアルプスの山々の初登頂を次々と達成していったの
は主に英国人だったということは、スイスの旅（第 6 章）の途中
で御紹介したとおりです。彼らは紳士階級のエリートで、登山時
にはガイドに足場を切ってもらいガイドに導かれて山に登った
「旦那」でした[2]。こうした英国式の登山を違った方向に展開さ
せた国がドイツです。ドイツやスイスといった大陸諸国では、登

---

1 ）桑原武夫（1997）『登山の文化史』平凡社、p.36。
2 ）小泉武栄（2001）『登山の誕生』中公新書、p.66。

山は中産階級や学生たちを担い手とした大衆的なスポーツとして発展しました[3]。紳士階級の人々が極力避けようとしていた肉体的負担は、身体や心を強化する鍛錬としてポジティブにとらえられ[4]、自らの力で山に登るガイドレス登山が普及しました。イギリスではエリート層に限定されていたアルペンクラブも、ドイツでは希望者なら誰でも入会できる開かれた組織となり、会員数も多かったようです。

2　森や村落風景などを楽しむヴァンデルング

　ドイツ語には「ヴァンデルング（Wanderung）」という語があります。スイスの旅に用いたドイツ語の資料では頻繁に用いられていた語で、本書では「ハイキング」と訳してきました。ドイツ語の辞書を見ると、旅、徒歩旅行、遍歴、放浪、徘徊、遠足、ハイキングといった訳語が並びます[5]。定義としては、散歩よりも長い距離をすこし強い強度で歩く、事前に計画された運動を指すのですが[6]、「ハイキング」という訳語がかならずしもぴったり当てはまるわけでもないような気がします。ヴァンデルングはドイツ語とアングロ・フリース語のみに固有の語ともいわれます[7]。ドイツの森と文化に造詣の深い北村昌美教授は、「山野を

---

3 ）同上、pp.67-68。

4 ）J. ヘルマント編（1999）『森なしには生きられない』山縣光晶訳、築地書館、pp.96-97。

5 ）国松孝二（1993）『独和大辞典』小学館、p.2488。

6 ）BMWI（Hrsg.）（2010）"Grundlagenuntersuchung Freizeit- und Urlaubsmarkt Wandern" *Forschungsbericht* Nr. 591；Naturpark Schwarzwald Mitte/Nord e.V.（2016）*Wander-Handbuch.*

7 ）アルブレヒト・レーマン（2005）『森のフォークロア──ドイツ人の自然観と森林文化』識名章喜・大淵知直訳、法政大学出版局、p.79。

跋渉する」という表現が最もふさわしいのではとしながらも、固定的な概念と結びつけないためにあえて「ヴァンデルング」というドイツ語のカタカナ表記を用いています[8]。もし筆者が「ヴァンデルングってなに？」と説明を求められたとしたら、「森などの自然の中をガシガシ歩く感じ」と表現するでしょうか。

辞書でヴァンデルングの訳語の一つに登場するのが遍歴です。遍歴とは広く諸国を巡り歩くことですが、ドイツには職人が修業の過程で地元を離れ、独特な身なりと最小限の携帯物だけを持って、何年もかけて各地を巡り歩きながら技術をみがく職人遍歴の慣行がありました。中世には遍歴学生と呼ばれる、各地を放浪する学生もいたそうです。中世の人々にとって、森林地帯を抜けるという勇気ある行為は、傲慢さや利己心の罪業から解き放ち、魂の救済に寄与するとされていたようです。

ワンダーフォーゲルという言葉を耳にしたことはあるでしょうか。日本の大学や高校でワンダーフォーゲル部が活動しているところもありますよね。このワンダーフォーゲルは、19世紀末から20世紀初頭にかけてドイツで流行した Wandervogel という青年運動に由来するものです。Wandervogel という言葉自体は渡り鳥を意味しますが、この語の前半はドイツ語読みでヴァンダーとなり、ヴァンデルングに関係しています。

ドイツの元祖ワンダーフォーゲルは、1896年にベルリン南西部のシュテグリッツ地区でヘルマン・ホフマンという青年がギムナジウムの学生たちと行ったヴァンデルングに始まります。ホフマンの後継者となったカール・フィッシャーが1901年に正式に組織化。それからわずか10年ほどの間にドイツ語圏全域へ広がった青年運動です[9]。彼らは仲間たちと、中世の遍歴学生への憧憬を示

---

[8] 北村昌美（1981）『森林と文化』東洋経済新報社、pp.16-22。

すかのような独特の旅立ちのスタイルをして、ギター片手にリュックを背負い野山を渡り歩き、夜はキャンプファイアをしながら輪になって歌い踊る、そんな徒歩旅行をしました[10]。彼らのこうした行動は、たんなるハイキングではなく、大人のつくりあげた行動様式や言語、思考様式、制度を拒否するものでした[11]。それも正面切った批判ではなく、心身を鍛練し自己を探求するかたちで行った一種の反抗だったといいます[12]。ギムナジウムというのは、大学へ進学し将来エリート層となることを期待された子どもたちが就学するドイツの中等教育機関です。当時のドイツの上流社会の大人たちは、フランスや英国の文明に浸り、フランス語で会話をすることで社会的ステイタスを誇示していました[13]。そんな大人たちへの反抗として、ワンダーフォーゲルではドイツ語にこだわった言葉づかいが好まれ、古いゲルマン民族の慣習を採り入れることにも熱心でした[14]。とりわけ森は、ゲルマン民族のシンボルとして敬意を払われました。彼らが理想的な風景としたのは、交互に移り変わる野原と森、風土によくあった村落などが織り成す「人間として生きていることを体験できる風景」[15]でした。紳士淑女が山岳鉄道に乗って贅を尽くしたホテルへ訪れ「自然」を愛でるといった、当時のスイス・アルプス観

9）ヘルマント編前掲注4）、p.205。
10）上山安敏（1994）『世紀末のドイツの若者』講談社、pp.17-21、pp.51-54。三谷研爾（2007）「カウンターカルチャーの輝き――世紀転換期の青年たち」三谷研爾編『ドイツ文化史への招待――芸術と社会のあいだ』大阪大学出版会、pp.207-209。
11）上山前掲注10）、p.39。
12）三谷前掲注10）、p.208。
13）上山前掲注10）、p.33。
14）同上、pp.32-33、pp.51-54。
15）ヘルマント編前掲注4）、p.184。

写真 7 - 2　農地と森、村落が織り成す風景（2017年 4 月）
かつてはシュヴァルツヴァルトで伐り出された木材が筏に組まれ、
この川を流れてオランダまで運ばれたという。

光などで見られた上流階級のツーリズム[16)]とは、対照的な道を
目指したわけです。彼らにとってヴァンデルングとは、上から権
威的に押し付けられる教養や文化から逃れ、「生の根源への回
帰」[17)]をもたらすものだったのです。

　ここで理想的ととらえられている風景に注目してみましょう。
理想的な風景を構成するのは森だけではありません。野原もあり
村落も含まれています（写真 7 - 2 ）。ワンダーフォーゲルの正式
発足と同じころ、1904年にドイツの市民階級の人々によって郷土
保護連盟（Bund Heimatschutz）が設立されています。ドイツが本

---

16)　同上、pp.92-96。
17)　山本雅弘（1984）「ヴァンデルンの本質とその教育学的意味」『教育哲学
　　研究』第49号、pp.42-56。

格的な工業化時代を迎えた19世紀後半には、都市部の工業化や農村部の耕地整理が進められていました。こうした開発による風景の破壊を憂いた音楽家エルンスト・ルドルフに共鳴した人々が故郷（Heimat）の地域的、歴史的な風景を守るために設立した団体です[18]。メンバーには行政機関の高級職員や大学教授、とくに森林官や造園家など「緑に関係する」職業につく市民が多く、旅をする金銭的、時間的な余裕もあり、それゆえに変わりゆく風景を知り、それを評価することができた人々だったといいます[19]。この運動は、1907年のプロイセン邦における景観保護に関する法律の制定にも寄与しました[20]。ちょうどスイスでは森林へのアクセス権を規定した民法典が制定された年です。ドイツでも、森などの自然や村落風景などを楽しむヴァンデルングに熱い視線が注がれ、今にも森林アクセス権が法定されそうな熱気が感じられます。ところが、ドイツで森林アクセス権が法律に定められるまでには、まだまだ年月を要するのです。

3　森林アクセス権への道のり

　人々が森を利用する慣習は古くからありました。19世紀後半に活躍したドイツの民俗学者、ヴィルヘルム・ハインリヒ・リールは、農地や牧場や庭とは異なり、森には誰もが好きなように歩きまわり、落ち葉を集めたり、木を拾い集めたりできる慣習があることを「森の自由（Waldfreiheit）」という言葉で表現しました[21]。この「森の自由」は、食べ物や燃料などの確保にとどま

18）赤坂信（1987）「ドイツにおける19世紀後半の国土美化の衰退と郷土保護運動の影響」『造園雑誌』50（5）、pp.54-59。
19）ヘルマント編前掲注4）、pp.161-169。
20）同上、p.172。

らず、レクリエーション空間としての森においても重視されるようになっていきました。1907年から1911年に大企業の勤労者に対して行われたアンケートの結果によると、当時の勤労者たちにとっての森は、食料や燃料を採る場所以上に、レクリエーションの場だとする声が多かったそうです[22]。ただ、市民階級のように緑豊かな郊外に住んだり、遠くの避暑地に滞在したりすることはできず、都市近郊の「森の自由」を求めたといいます[23]。

こうした要求は、ときに森林所有者との衝突を引き起こしました。たとえば、1905年から1906年に開催されたドイツ中央山林会の総会では、狩猟や家畜の飼育を理由にハイカーたちへ道を閉ざした森林所有者の財産処分権を弁護し、ハイカーや自然保護団体、アルペン協会と激しく対立しました[24]。1922年にはプロイセン邦で、野党から強い反発があったにもかかわらず、国民の健康のための樹林の保護に関する法律が制定され、ベルリンなどの都市近郊で部分的にではありますが、ハイカーへの開放が法的に保障されるにいたりました[25]。ただ、こうした「森の自由」を保障する権利がこのまま森林一般へと広がっていったかといえば、そうではありませんでした。

1986年に公布され1900年から施行されたドイツの民法典では、スイスの民法典とは異なり、森の所有者が人々の森への立ち入りを禁止できる権利を持っていました。その後、第一次世界大戦後に制定されたワイマール憲法や第二次世界大戦後に制定されたボン基本法（西ドイツの憲法にあたる最高法規）では、所有権にも社

---

21) 同上、pp.132-135。
22) 同上、pp.134-135。
23) 同上、pp.134-136。
24) 同上、pp.137-138。
25) 同上、pp.139-143。

会的な側面があるという考え方が取り入れられましたが、ドイツ
で森林一般へのアクセス権を法律上で定めたのは、1946年制定の
バイエルン州憲法が初めてだとされています[26]。

　バイエルン州憲法による森林アクセス権は、第二次世界大戦後
にバイエルン州の首相となったヴィルヘルム・ヘーグナーが、戦
時中の亡命先スイスで知ったスイス民法典におけるアクセス権の
規定を範として提案したものだといわれます[27]。当時の西ドイ
ツでは連邦全体で制定された森林法はなく、バイエルン州以外の
州では森林へのアクセスは慣習法に基づくとされ、その具体的な
範囲や強さは曖昧でした。1951年以降、連邦森林法の制定が検討
されては否決されという経過をたどり、1964年になってドイツ連
邦議会が森へのアクセス権を規定した連邦森林法の制定を決議
し、1975年に初の連邦森林法が制定され、そこで森林アクセス権
が規定されるにいたりました[28]。ここでようやく西ドイツ全体
において森林アクセス権が保障されたことになります。さらに、
1990年に西ドイツと東ドイツが再統一されると、西ドイツで定め
られた森林アクセス権が現在のドイツ連邦全域に適用されるよう
になりました。

4　ドイツの森林アクセス権

　ドイツの連邦森林法は、森林アクセス権について下記のように
定めています。

---

26)　カール・ハーゼル著（1979）『林業と環境』中村三省訳、日本林業技術
　　協会、p.78。
27)　阿部泰隆（1979）「万民自然享受権——北欧・西ドイツにおけるその発
　　展と現状②」『法学セミナー』第23巻第11号、pp.77-81。
28)　ハーゼル前掲注26)、pp.172-180。

第14条

1．レクリエーション目的による森林への立ち入りは、許容される。サイクリングや車椅子による走行、森林内での乗馬は、林道や散策路に限り認められる。森林の利用は、自己の責任で行われるものとする。これはとくに、森林特有のリスクに対して適用される。

2．州は、詳細を規定する。各州は、とくに森林保護や森林の経営管理ないしは狩猟管理、森林訪問者の保護または重大な被害の回避、その他保護に値する森林所有者の利益の確保といった重要な理由に基づき、森林への立ち入りや他の利用方法の全面的もしくは部分的な制限を行うことができる。

　パッと見るとスイスの森林アクセス権と似た規定に思えるかもしれませんが、よく見ると違うところもあります。たとえば、森林への立ち入りがレクリエーション目的に限られていたり、サイクリングや乗馬が林道等に限定されていたり、森林の利用が自己責任であると明記されているといった点などもあります[29]。

　レクリエーション目的に限定されるというのは、第三者による営業目的やスポーツ目的での森林利用は含まれないということです[30]。除外対象となるスポーツ目的にジョギングは入らず（休息目的という扱い）、自身の能力向上の追求や他者との競争といった要素が入ってくると問題とされるようです。なかなか複雑ですね。

　サイクリングや乗馬が許される道については、たとえばシュヴァルツヴァルトを要する南西部のバーデン・ヴュルテンベルク州

---

29) BUWAL（2005）*Juristische Aspekte von Freizeit und Erholung im Wald*, pp.41-42.

30) W. Kohlhammer GmbH（2018）*Waldgesetz für Baden-Württemberg*, Kommentar, W. Kohlhammer GmbH, 37-p.4.

写真 7 - 3　森の中で楽しむ乗馬（2017年 9 月）

の森林法では、第37条で、乗馬（写真 7 - 3）は幅 3 m以下の標識のあるハイキングコースや歩道では原則禁止、サイクリングなど車輪での走行は幅 2 m以下の道では原則禁止などと規定されています。それ以外の場所でやりたい場合は、森林署の許可が必要となります。たとえば、林内にマウンテンバイク用のコースを設置したいと考える団体は、森林署に申請する必要があります。森林署は、たとえば水源管理や自然保護などにかかわる関係部署などと連絡をとり、可否を検討し、問題がなければ適切な管理等の条件付きで許可します[31]。スイス同様に、マウンテンバイクのバイカーとヴァンデルングを楽しむハイカーの間のコンフリクトは、ドイツでも問題となっています。両者の間でトラブルが起

---

31) 以下、この段落で例示した内容は、2022年12月にバーデン・ヴュルテンベルク州のフロイデンシュタットで行ったヒアリング調査による。

**写真 7-4　林内に設置されたマウンテンバイク用のコースと
ハイカーの立ち入りを禁止する標識（2017年9月）**

こらないように、適切なサインの設置なども求められます（写真
7-4）。森林所有者の同意も必要です。

　「利用は自己責任で」という規定は、森林所有者の心配事が減
るポイントになるでしょう。とりわけ近年、ドイツでは気候変動
やキクイムシの被害などでダメージを受ける樹木が増えています
が、倒木や枯死木による危険などは「森林特有のリスク」に含ま
れます[32]。バーデン・ヴュルテンベルク州森林法第37条では、
念押しするかのように「森林所有者またはその他の権利者の側に
新たな注意義務または交通安全義務を生じさせるものではない」
と規定しています。

　スイスでいう Wanderwege のようにハイキングコースや標識

32）W. Kohlhammer 前掲注30）、pp.9-11。

写真 7 − 5　森の幼稚園（2017年1月頃）

を整備する団体は、ドイツにもあります。最も古いのは、1864年に設立されたシュヴァルツヴァルト協会だといわれています。この協会があるバーデン・ヴュルテンベルク州の面積はスイスより若干小さいくらいなのですが、州内には他にシュヴァーベン山岳協会やオーデンヴァルトクラブもあり、合わせて5万1000km 以上のハイキングコースに標識が設置されています[33]。それでも標識の設置されていない道は無数にあり、利用者は、そうした道の管理は期待せず、自己責任で「森林特有のリスク」を引き受けなければいけません。

　教育目的で一時的に小規模なグループで森を訪れることは許可なくできますが、ドイツ各地で広がっている森の中での保育、いわゆる「森の幼稚園」（写真7−5）を設置する際にも、許可が必

33）同上、p.14/3-4。

要です。こうした施設の周辺では、定期的な管理が必要とされています。また、今やドイツでも知られるようになった日本発祥のShinrin-yoku[34]をする際も、トレイルから外れて活動が行われることが多いため、許可が必要になるそうです。

バーデン・ヴュルテンベルク州では、誰でも森林内で、果実や落ち葉、落枝はその土地の慣習になっている範囲で、草花やハーブなどの植物は片手で持てる範囲内において採取することができます。枝などの採取も片手で持てる範囲であれば罪とはなりませんが、造林木の梢や灌木の掘り出しなどは除外されます。クリスマスシーズンになると会議室の休憩コーナーにモミの葉などをあしらった装飾が施されることもありますが（写真 7 - 6 ）、そうした枝葉なども森から採ってきたものなのかもしれませんね。

5 なぜドイツの人々はヴァンデルングが好きなのか？

シュヴァルツヴァルトの玄関口ともいわれるフライブルクの森を歩くと、多くの人々とすれちがいます。かなり寒い冬の日でも、です。ジョギングやサイクリングも盛んですが、やはりいちばん多いのはヴァンデルングでしょうか。一人または複数人でガシガシと力強く歩きます。話しながらもけっこうなスピードで歩く方々が少なくありません。そんなフライブルクの森の中で、人々がヴァンデルングを愛する理由を筆者なりに考えてみました。

まずなんといっても、歩きやすく魅力的なルートがあることは外せないポイントでしょう。コースや看板が整備されているのは

---

34) 日本語では「森林浴」。1982年に当時の林野庁長官が提唱したもの。ドイツでは、「森林浴」をそのままドイツ語に訳した"Waldbaden"という語が用いられることもある。

**写真7-6　クリスマスシーズンに開催される会議の休憩コーナーの
デコレーション（2016年12月）**

本章でも紹介したとおりですが、こうしたハイキングコースの多
くは水平方向に伸びています。ジョギングのコースとしてドイツ
の人々が最も好むのは、森の中だといいます[35]。日本で森の中
のジョギングといえば、平場では飽き足りなくなった強者ランナ
ーが山の坂道を駆け上がるハードなスポーツといったイメージが
ありますが、ドイツでは異なります。コースはおおむね平らなの
で、初心者でも気軽に楽しめます。そしてときおり、草原や村落
などの風景も楽しめます。山といってもお椀をひっくり返したよ
うな形のせいか、低いところのほうが景色のよい道が多いようで

---

[35]　たとえば、ドイツの国鉄 Deutschen Bahn の社内誌 *Mobil*（2017年4月
　　号）では、ジョギングの場所としてドイツ人々が好む場所として、第1位
　　に森をあげている。なお、2位は公園、3位は田園、4位は都市、5位が
　　ジムとなっている。

写真 7 - 7　森の中のカフェ（2017年 2 月）

す。

　そして、楽しさ。もしかしたら、店が閉まってしまう休日には他にできることが少ないということも効いているかもしれません。そんなとき、友人から「おいしいパンケーキを出すカフェがあるからヴァンデルングに行こう」などと誘われたりします。じつは、このカフェがいちばんのポイントではないかと思っています。森の中には、ガシガシと歩くと疲れてくるくらいの間隔（だいたい 3 ～ 4 km でしょうか）でカフェがあったりします（写真 7 - 7）。カフェといっても、ドイツですから当然ビールがあります。場所によってはジビエのシカ肉料理なども提供するところがあります。森の中を友人と話しながらガシガシ歩いて、汗がにじんできたころにビールを飲む。そんなにお金もかかりません。こんな休日、なかなか魅力的ではありませんか？

　ただ、ヴァンデルングがドイツのどこでも盛んなのかといえ

ば、かならずしもそうではないようです。ハンブルク大学教授の民俗学者アルブレヒト・レーマンは、1999年に出版した著書でこんなふうに書いています。「森は快晴の週末でさえいつも『ひと気がなかった』」[36]、「『平均的なドイツの』森を30分も歩いてみたところで、そこで他の人に出会うことはまずない」[37]、と。筆者がフライブルクで見た森の様子とは、別世界です。ドイツで2009年から2010年にかけて実施された調査の結果を見ると[38]、ヴァンデルングへ行く人の割合には大きな地域差があることがわかります（図7-1）。レーマンの地元ハンブルクは、ドイツの中でもヴァンデルングへ行く人が少なく、人口の半数以上はヴァンデルンクにはまったく行かないと回答しています。港町として栄えた都市ですが、地形はおおむね平坦です。同じく平坦な地形のブランデンブルク州も似た結果ですので、地形などの自然条件が影響しているのかもしれません。レーマン教授の調査地には、地元ハンブルクの他にハルツ山地なども含まれていました。州で言えば、大部分はニーダーザクセン州とザクセン・アンハルト州、一部がテューリンゲン州にかかる山地です。このハルツ山地には、魔女の住む山とされてきたブロッケン山があり、第二次世界大戦後には西ドイツと東ドイツの国境が引かれた場所でもあります。もしかしたら、こうした歴史的、文化的な背景なども影響しているのかもしれません。

　さて、ドイツの旅はいかがでしたでしょうか。ドイツには、スイスのような派手な観光資源としての自然はあまりないかもしれません。でも、あちこちに心休まる、ここちよい風景が広がっています。ドイツの森林と文化について研究されてきた北村昌美教

36）レーマン前掲注7）、p.2。
37）同上、p.61。
38）BMWI（Hrsg.）前掲注6）、p.26。

図7-1　州別に見たヴァンデルングをする人の割合

注：稀であってもハイキングに行くとする人々の割合。

出典：BMWI（Hrsg.）（2010）"Grundlagenuntersuchung Freizeit- und Urlaubsmarkt Wandern", *Forschungsbericht*, Nr. 591. Berlin, p.26.

授は、森林はたんに文化の根源という側面ばかりでなく、それ自体がまた文化的創造物としての側面を持つのではないかと述べています[39]。おそらく森林だけではなく、森を含むここちよい風景そのものが文化的な創造物なのでしょう。身近な風景の価値に気づき、楽しみの要素も散りばめながら大切に利用してきた人々の意志と想いが映し出されているのではないかと思います。

(石崎涼子)

---

39) 北村前掲注 8）、p.ii。

第 8 章

米国の旅
強固な私有制下で創り出される自然アクセス

鉄道からトレイルへ　アメリカン・タバコ・トレイル

1 旅の準備——自然アクセス事情と自然

■米国の自然と所有権

アメリカ合衆国（以下、米国）はじつに大きな国です。その国土は、日本の25倍。北は酷寒のアラスカ、南は常夏のハワイというように、とてもすべてを見てまわることはできません。手始めとして、カナダより南の北米大陸に限って、どのような自然条件があるのか、確認しておきましょう[1]。

北米大陸のこの地域は、おおむね温帯に属します。地形をおおままかに見ると、大陸の西側に急峻で険しい山脈（カスケード山脈やロッキー山脈）、東側に比較的緩やかな山地（アパラチア山地など）があり、中央部には広大な平原地帯があります。中央部から南西部にかけて極端に降水量が少ないエリアがあります。そうした地域では、草原や砂漠が広がっています。逆に、それ以外の地域は、一定の降水量があり、高山を除けば森林が形成されるような気候条件にあります。

米国の自然を見るうえで、「人」の存在はとくに重要です。北米大陸に人が移り住んだのは、1〜3万年前とされています。そうした人々は、基本的には狩猟採集と小規模な焼畑農業を営んでおり、自然植生を大きく改変することはなかったとされています。これを一変させる画期となったのが、ヨーロッパ人の入植です。15世紀にコロンブスがアメリカ大陸を「発見」して以降、スペイン、英国、フランスなど、ヨーロッパのさまざまな地域から、大西洋に面した地域に多くの人々が移り住みました。つま

---

1) 詳細は、小塩和人・岸上伸啓（2006）『朝倉世界地理学講座 大地と人間の物語13——アメリカ・カナダ』（朝倉書店）を参照。

図8-1　ノースカロライナ州の位置

り、北米大陸東部の、もともと豊かな森林が広がり、先住民族が狩猟採集と小規模農業を中心に暮らしを営んできた地域です。

　移住してきた人々は、自給的な農業を営むこともありましたが、しだいに商品作物の生産を主眼とした大規模な農業に置き換わっていきました。また、木材も重要な輸出品となったので、森林の伐採が進みました。このような移住者たちの開発の手は、北米大陸の西のほうへと伸びていきました。このように「フロンティア」の西進によって、もともと北米大陸にあった原生的な自然（＝ウィルダネス）はきわめて希少な存在となりました。このことは、米国で国立公園が創設される背景となりましたが、ここでは、それほどまでに移住者が北米大陸の自然にもたらしたインパクトが強かったということを確認しておきたいと思います。

　実際に私たちが旅をするのは、大陸東部で、米国の地理区分では「南部」とされる地方にある、ノースカロライナ州（以下、NC州）です（図8-1）。「南部」の低地は、ヨーロッパ人の移住後に、綿花やタバコといった商品作物の生産が盛んに行われてきた地域です。NC州では、とくにタバコの栽培の一大産地となりました。こうした商品作物に傾倒した大々的で集約的な農業は、

たんにもともとあった森林を消失させただけでなく、農地の地力を奪いました。再生産の見込みがなくなった農地の多くが放棄されましたが、NC 州の場合、100年ほど前に放棄された農地が植生遷移あるいは植林の結果、今は森林となって、人々が自然アクセスを享受する基盤となっています。

　このように、米国の自然アクセスの舞台は、ここ数百年のヨーロッパ人入植以降の影響を抜きには考えられません。さらに注意が必要なのは、この間の変化が、先住民族の迫害・払拭をともなっていたということです。アメリカ環境史の研究では、先住民族は土地を個人で所有するという習慣がなかったのですが、移住者は柵を設けて土地を区切り、土地を私的財産とする概念を持ち込んだことが指摘されています[2]。

　その私的所有権の強さは、たとえば、次の事件に触れるだけでもイメージできるかもしれません。1992年、日本人留学生が射殺される痛ましい事件がハロウィンの日におきました。学生は、訪れた先の主が警戒をして放った "freeze"（動くな）という言葉を "please" と聞き違えて動いたところを銃で撃たれたようです。このように、他人の土地に立ち入ることは、銃社会のアメリカでは、命を落とす事態になります。所有者の排除する強さに目が向きますが、それには理由もあります。アクセスしてくる第三者が所有者の過失によって事故にあった場合、その過失に対する強い法的責任（義務）が課せられているのです。ですから、人々は、もっぱら国有地や公有地に自然アクセスの場を求めてきました。しかし、何カ月もつづく山火事の発生や国公有地周辺の開発によりアクセス可能な自然そのものが減少してきました。こういった背景から私有地においても、公衆にアクセスを開くしくみがつく

2）小塩和人（2014）『アメリカ環境史』上智大学出版。

られてきたのです。それでは、米国の多様に広がる自然アクセス
の実態を見ていきたいと思います。

■米国に残る慣習的で寛容なアクセス
　先に述べたとおり、米国は移民の国です。そのため、原住民と
のトラブルも生じますし、移民のルーツ（出身国）によって各地
にできたコミュニティの特徴も千差万別です。
　米国の特徴は、国民（州民）と自然とのかかわりに、「パブリ
ックトラスト（公共信託：Public Trust）」という基本的な理論が
あることです[3]。18世紀のペンシルバニア州の州憲法には「ペン
シルバニアの公共の自然は、来るべき世代も含めてすべての人々
の共通の財産であり、これらの受託者として、州政府がそれらを
すべての人々のために 保全し維持すること」と記されています。
つまり、自然の管理者は州政府です。そもそもそれは、“公共の
自然は州の民のもの”なので、民のために彼らから委託された州
政府が受託者となり、委託者兼受益者である民のために管理して
いるという考え方です。この理論は、そもそも近代的な不動産権
が確立していない段階の米国の地に移民が移り住み、各自が開墾
した土地をある意味では勝手に「自身の不動産」としたことと深
くかかわっています。
　また、ニューイングランド地方では、「池や湖（Great Ponds）」
で魚や野鳥を獲るために、開発されていない私人の土地の上を横
切る権利が、法律によって許されています。この法律は、「グレ
ートポンド法」といい、10エーカー（およそ4ヘクタール）を超
える池や湖がその対象です。こうした自然の水面は公用水面とさ

3）神山智美（2021）「野外レクリエーションを支える米国の自然アクセス
　制に関する一考察」『企業法学研究』第10巻第1号、pp.17-32。

れ、こうした「池や湖」へのアクセスが確保されています。さらに、ニューイングランド地方には「野生動物は誰のものか」という議論もありました。大きくは、①不動産権者の物であるという説と、②捕獲した人の物であり捕獲のためには他人の不動産にも（囲いや禁止表示、作物栽培等がなければ）侵入できるという説があります。当初は、英国にならい①説も有力とされましたが、すぐに②説と決定されました。この理由は、まず、英国と異なり、国にとって野生鳥獣が捕獲されすぎるという心配もなく、さらに、ニューイングランドでは農業は重要な生業であり、野生鳥獣は農業を妨げる存在であったためでもあります。さらに、ニューイングランドでは、狩猟（ハンティング）はプレジャースポーツではなく、むしろ食料や衣類の源だったからです。

ニューイングランドのうちメイン州では、北欧に近い自然アクセスの世界が歴史的に存在し、変容を遂げながら現在にいたっています。同州では現在でも、他人の森林内を歩くだけでなく、クロスカントリーやキャンプなどもなされています。コモンズ論の先駆的研究者ジェームズ・アチェソンによると、メインの人たちには、「オープンランド（Open land）の伝統」がしみ込んでおり、なかでも狩猟者は「好きな場所で狩りをすることは古くからの伝統」を守ることにつながるので重要だ、という認識を持っているとのこと[4]。こういった緩やかなアクセスを容認してきた法的根拠は、上述のグレートポンド法です。メイン州では、州民の多くが上述した①と②双方の考え方を受け入れている、とアチェソン論文は指摘しています。こういう特異なケースも含め、現在、米国ではどのような自然アクセスがなされているのを見ていきまし

4）Acheson, James M.（2006）"Public Access to Privately Owned Land in Maine" *Maine Policy Review*, 15(1), pp.18-30. https://digitalcommons.library.umaine.edu/mpr/vol15/iss1/5（2023年6月28日閲覧）

ょう。

■データで見る米国の野外活動の実態

　現在米国では、アウトドアビジネスが盛んということもあり、統計データや研究成果が公表されています。1989年に設立されたアウトドア産業協会（OIA：Outdoor Industry Association）[5]も、その一つであり、過去の統計をふまえつつ、2021年の最新データを公表しています。これを基に米国の野外活動を見ておきましょう[6]。2021年、コロナウイルス感染症の規制が徐々に緩和されたことで、室内活動が戻りつつある状況になっても、人口の54％に当たる1億6420万人が野外活動に参加しており、これは過去最高の規模である、と書かれています。報告書末部に所収されている野外活動一覧では、活動の種類は117にのぼります。このなかには、なじみのある散策、野鳥観察、キャンプ、トレールランニングなどのほかにも、ジェットスキー、水上スキー、RV車での走行など、原動機付きの乗り物を使った活動もあり、その多様さがうかがえます。117種のうち参加者数の多い上位10位は、「健康のための散歩」（116）「日帰りハイキング」（58）「健康器具を用いた運動」（54）「ダンベルないしハンドウェイト」（53）「ランニン

5）現在、OIA は、アウトドア レクリエーション業界の代弁者となるべく、1200以上のメーカー、小売業者、サプライヤー、営業担当者、非営利団体、アウトドア愛好家に、野外活動に関する情報などのサービスを提供している（https://outdoorindustry.org/）。

6）データは、Sports Marketing Surveys USA（SMS）が、2021年度に実施した全国調査に基づくものである。7 スポーツ産業協会の指示のもと、デジタルリサーチ（DRI）が実施したものである。また、過去の統計をふまえ、また数本の研究論文も所収した重要な文献として Cordell（2012）がある。Cordell, H. Ken（2012）Outdoor Recreation Trends and Futures: a Technical Document Supporting the Forest Service 2010 RPA Assessment.

グ・ジョギング」(49)「自転車（ロードおよびペイブドサーフィス)」(43)「ボウリング」(42)「淡水での魚釣り」(41)「キャンプ」(36)「ヨガ」(34)です（丸括弧内の単位は百万)。2021年、参加者1人当たりの平均アウトドア外出回数は75.6回。年間51回以上の「コア参加者」は、2011年の70.9％から2021年に67.2％に減少しています。また、年齢別増加率では、65歳以上のシニア層がトップ（2019年度比で16.8％増加)です。コア参加者数が減少し、その高齢化が起きつつあることに、同報告書は懸念を示しています。他方、子育て世代の家族での参加率は、5年以上前から上昇しており、パンデミックはこの傾向を加速させたと書かれています。子どもたちもまた屋外で多くの時間を過ごすようになり、2021年には70％を超えています。が、このなかには屋外で「電子ゲームを楽しむ」ケースも含まれていることを付言しておきます。

2　ノースカロライナ州の自然アクセスを訪ねて

　私たちがNC州を訪れたのは、2018年2月下旬から3月上旬のことでした。長らく共同研究を続けてきたデューク大学名誉教授のマーガレット・マッキーンさんとともに、じつにさまざまな自然アクセスの実態に触れることができました。その感想を一言でいえば、自然にアクセスできる場所やしくみが想像以上に充実していた、ということになるでしょう。

■自然公園でアクセスを開く
国立公園の様子　米国では世界で初めて国立公園制度が制定されたように、公的に管理された自然公園が数多くあります。私たちが訪ねたブルーリッジ・パークウェイ国立公園について紹介しま

図 8-2　ノースカロライナ州の旅で紹介する場所

しょう[7]。この国立公園は、その名「パークウェイ」が示すとおり、道を中心にした公園です。バージニア州から NC 州を貫く約750km の道に沿って、240m ないし120m の幅の土地が国立公園となっています（図8-2）。私たちは、NC 州南部のアシュビル近郊にあるビジターセンターで、管理にあたる専門家や実務家たちのお話をうかがうことができました。

　この国立公園の源をたどると、1930年代のニューディール政策に行きつきます。ニューディール政策は、世界恐慌の影響を受けて発生した大量の失業者を公共事業によって雇用することで問題解決をはかろうとした取り組みです。旅の準備で確認したよう

7）NC 州には、国立公園制度によって管理運営されている12の公園があるが、面的な広がりを持っているのはグレートスモーキー国立公園のみで、その他は、海岸線や散策道、歴史的記念地などである。私たちはグレートスモーキー国立公園も訪問できたが、ここでは、詳しく話を聞くことができたブルーリッジ・パークウェイ国立公園を取り上げる。

に、当時、NC 州では大規模な開墾と収奪的な農業経営により、荒廃した農地が多く広がっていました。ここで行われたことは、パークウェイを建設することでした。バージニア州と NC 州の共同事業として、道路建設のため帯状の土地が政府によって購入され、人々を雇って建設事業が行われたのです。

ここで典型的な楽しみ方として想定されているのは、パークウェイを自動車でドライブするなかで車窓から見る景色や、道脇に立ち寄ってその土地の自然や文化に触れることです。それに加え、沿線にキャンプ場を設け、キャンプ需要にも応えようとしています。私たちに応対してくれた専門家たちは、景観設計、自然保護、環境教育、文化資源保護、法律を担当していました。それぞれの専門的立場から、この国立公園の価値が失われないよう、管理にあたっているのです。

彼らにとっていちばんの関心事は、隣接した土地を所有する人たちで、この人たちの協力がなくては、景観をはじめとしたこの公園の価値を守れないと考えています。この国立公園は面的な広がりを持っていないので、国立公園だけで景観管理に努めてもその効果は限定的です。たとえば、隣接した土地の所有者が、邪魔だからと自分の土地の木を切ってしまったら、パークウェイからの景色が損なわれる恐れがあります。近隣住民らがその土地をどう使うか、ということが、この公園の価値を大きく左右するのです。彼らは言います。隣接地やそこに暮らす人々もこの公園の一部なのだと。

公園に悪影響のないように隣接地に制限を加えるため、「地役権」という権利を設定する手段がよく使われているようです。地役権とは、一般に、ある土地において、その土地の所有者以外が有する権利のことです。ここで使われる地役権は、保全地役権と呼ばれるもので、土地所有者以外の者が緑地を保全する権利が別

途に設定されます[8]。この地役権が設定されると、土地所有者は、その権利を侵害するような開発行為はできません。

　公園利用者（訪問者）に適切な行動を促すことも、公園管理において大事です。とくに、安全管理が重要です。公園内で事故が発生すると、公園側が責任を問われることになるからです。明らかに服装や装備が適切でない場合などは、職員が教えてあげたりしているそうですが、最も有効な手段は、サインや看板の掲示だといいます。訪問者は彼らが掲げた標識にだいたい従うのだそうです。たとえば、「自己責任で○○するように」という看板を掲げると、それは公園管理者が合法的に危険性を警告したと見なされ、なにか事故が発生したときには訪問者の責任になるのだそうです。

　公園が管理するキャンプ場では、利用者の満足度を高める努力も行われています。2007年に調査を行ったところ、電気もない原始的なキャンプ場を望む人たちもいる一方で、駐車スペースやシャワー、Wi-Fiなど施設の充実を望んでいるキャンパーも多いことがわかったそうです。そうした調査結果に応じて、場所によってはシャワーを設置するなどの整備が行われています。

　このように、この国立公園では、多方面の専門家が管理を担うことによって、法律や制度を複雑に駆使しながら、また、専門的な見地から国立公園としての価値を守る努力が払われているのが印象的でした。

公立公園の様子　国立公園以外にもNC州には州立公園、さらに小さな行政単位である郡も自然公園や自然保護区を持っていま

8）環境保全の手段としての地役権の概要については、以下を参照。新澤秀則（2002）「保全地役権について」『神戸商科大学 研究年報』第32号、pp. 25-34。

表8-1 ウェイク郡立公園・保護区でアクセス可能な対象

ウェイク郡立公園・保護区	散策トレイル・ピクニックエリア	環境・文化教育施設	解説展示	釣り場	植物庭園	ピクニックシェルター	球技場	滑り台などの遊具	自転車・マウンテンバイク	高技術者向けバイクエリア	ボート・ボートコート	歴史・考古学ツアー	カヌー用トレイル	ディスクゴルフ	動物のいる農場	アドベンチャーコース	乗馬
アメリカン・タバコ・トレイル	○	○	○						○								○
ブルージェイ・ポイント公園	○	○	○			○	○	○								○	
クローダー公園	○	○	○			○	○	○						○			
ハリス・レイク公園	○	○	○	○	○	○					○				○		
オークビュー歴史公園	○	○	○			○						○					
イェイツ・ミル歴史公園	○	○	○	○	○							○					
レイク・クラブトリー公園	○	○	○	○		○	○	○	○	○	○		○				
北ウェイク・ランドミル公園	○	○		○		○	○		○	○	○						
ロバートソン・ミルポンド保護区	○	○		○									○				
ターナシー自然保護区	○	○		○													

（備考）郡発行の冊子 "Wake County Guide to Parks and Nature Preserves" に基づき筆者作成。

す。ここでは、ウェイク郡のブルージェイ・ポイント郡立公園での見聞を紹介します。236エーカー（約95.5ヘクタール）を有するブルージェイ・ポイント公園は、フォールズ湖（50km²）の湖畔に広がっています。下流には、州都でもありウェイク郡庁を有し、人口増の一途をたどってきたローリー市があります。市民の飲料水確保のため、NC州でいちばんの流路延長を誇るヌース川をせき止め、1981年に人工のフォールズ湖が造成されました。ダム湖建設を手がけたのは米陸軍でした。収用された土地上に現在のブルージェイ・ポイント公園の事務所があり、湖畔を含め保全されている森林、緑地、水辺の多くは陸軍の所有地です。ウェイク郡は、飲料水として良好な水質を守るために、森林域から都市にいたるまでの土手沿いを中心に、幅広くなるべく連続的に生態系保全をはかり、公園や保護区として市民に提供しています。近年、財政難により、同郡で活用してきた地方債による財源調達による保全地取得や地役権設定が難しくなっているといいます。そういった状況をふまえ、オープンスペース担当業務を担う職員のクリスさんは、相続する子どもたちが農地を売ってしまう懸念を持っているような農家にターゲットを絞って交渉を進めている、と話してくれました。

　現在のブルージェイ・ポイント公園には、教育センターや宿泊施設をはじめ、体力や目的に応じた複数のトレイル、プレイグラウンド、ピクニックエリアなどが開放されています。同公園を含めウェイク郡の郡立公園や保護区では、それぞれが持つ自然特性や施設に応じて、公衆の自然アクセスの機会を提供しています（表8–1）。利用者のなしうる野外活動の内容は、同じ郡の公園・保護区でも違いますので、利用ルールも異なります。ブルージェイ・ポイント公園の場合は、表8–2のようなルールが掲げられていました。

表8-2　ブルージェイ・ポイント公園内における利用ルール

1. 走行は時速20キロマイルまで
2. ペットは6フィートのリードにつながなければならない
3. 野外での火気使用は禁ずる
4. 駐車は指定場所のみとする
5. その他、以下の行為を禁ずる
   a. アルコール飲料の持ち込み
   b. たばこ・蒸気式たばこの使用
   c. 狩猟・公園内の野生動物への餌やり
   d. 水泳、動植物、鉱物の採取とリリース
   e. 大音量で音楽を楽しむこと
   f. ごみのポイ捨て
   g. 銃器
   h. 日を超えての駐車とキャンプ

　ブルージェイ・ポイント公園の場合、いちばんのトラブルの火種は、犬の放し飼いだそうです。生態系の研究やモニター機材にも損傷を与えるそうで、職員が見まわり対応しているそうです。ただ、なにを言っても聞く耳を持たないツワモノもいるそうで、そうケースでは、同一人物が3回同じ問題を起こした時点で、専門機関で拘束力のある動物管理局へ通報することになっているそうです。違法狩猟や食用カメの違法捕獲なども見られる一方、生態系に深刻な影響を与えるATV[9]での乗り入れ問題が増えつつあります。ハイテク化を象徴する近年のトラブルとしては、プライバシー侵害にもつながるドローン飛行などもあります。このようなトラブル対応に苦慮する一方、ウェイク郡の公園や保護区では、「なしうる活動内容」の幅を広げています。とりわけ、若者の要望に応えて、マウンテンバイクやジップライン[10]など、以

---

9) All Terrain Vehicle の略。全地形対応車。

前は認めていなかった活動を許可しはじめたそうです。地方債など
を原資に広げてきた公園ですので、市民とりわけ次世代の理解
を得る努力も模索しているのです。

■公衆のアクセスを受け入れる私有地

　自然アクセスというテーマでNC州を旅するなかで、大きな収
穫だったのは、私有地でありながら、公衆のアクセスを受け入れ
る実態を知ることができたことです。

デューク・フォレスト　マッキーン先生の所属されているデュー
ク大学は、州都ローリー市に隣接するチャペルヒルという街に拠
点があります。デューク大学は私立大学ですが、そのキャンパス
の周囲や近隣に広大な演習林（デューク・フォレスト）を持って
います。そして、その大部分が一般に開放されていることを知り
ました。私たちはディレクターのサラ・チャイルズさんと、元ディ
レクターで名誉会長のジャドソンさんに会い、お話を聞くこと
ができました。

　ここに大学演習林ができる前は、ここも収奪的な農業が行われ
て荒廃した農地が広がっていました。そうした農地や点在した森
林を、主に1920年代にデューク社が買い集め、だんだん大きな土
地のまとまりとしていきました。1931年、森林学部創設時の学部
長であるクラレンス・コースティアン博士が初代ディレクターと
なって、ここをデューク・フォレストとして創立しました。デュー
ク・フォレストは、大学の研究・教育用の森林です。初代ディ
レクターのコースティアン博士は、市民と土地のつながりを大事

10）英国発祥で、滑車につながれたロープにぶら下がり移動を楽しむ遊びの
　　こと。

写真 8-1　デューク・フォレストのゲートに掲げられたルール

なものと考えており、当初から市民のレクリエーションの場とし
て開放されてきました。

　現在、デューク・フォレストは、ダラム市とその周辺の３郡に
またがり、2800ヘクタールほどの広さを持っています。このうち
の大部分がレクリエーションの場として誰もがアクセスすること
ができます。逆に、一部地域は立ち入りが制限されています。そ
れは研究の実施や生態系保護のためで、そうすることで、研究・
教育の森としての機能が損なわれないようにしています。各所に
立ち入り用のゲートが設置され、その入り口にデューク・フォレ
ストでのルールを記した看板が掲げられています（写真 8-1）。

そこには、ゲートから入林すること、日没後の入林は認められないこと、犬はリードにつないでおくことなどが書かれています。

　管理にあたっている2人にお話をうかがうと、大きな問題は起きていないものの、頻繁にゲートではないところから侵入する人が後を絶たないのが悩みの種だそうです。とくに、デューク・フォレストの隣接地に住居を持つ人は、わが物顔で森に立ち入り、新たな通路を森の中に作り出してしまうということです。市民が自由にアクセスするとなると、事故が発生したときのことが気になります。この点、デューク・フォレストでは、市民がレクリエーションのために利用する地役権が設定されていて、本来土地所有者が負うべき賠償責任が免除されているのだそうです。

　ここでは、散策路の維持管理について、興味深い話を聞くことができました。ここの散策路は、あえて簡単なつくり方にしていて、メンテナンスをしやすいようにしているということでした。デューク・フォレスト利用者の間でボランティア活動をする人々がいて、この人たちが集まって、手作業で散策路の補修などを行っているのだそうです。

アグリツーリズム　農家によって所有される農地や森林がアクセス対象となっている例も、知ることができました。私たちは、たまたま開催されていたオレンジ郡農業サミットに参加し、さまざまな講演を聞くことができました。オレンジ郡は、ダラム市近郊の農村地帯で、アグリツーリズムに積極的に取り組んでいます。NC州はかつてタバコの生産が盛んでしたが、タバコ生産からの撤退を余儀なくされました。NC州の農業経営の規模は概して小規模で、農家は野菜や花などを近隣の都市向けに出荷するなどしていますが、経営は難しいそうです。そこで、1990年代から2000年代にかけて郡行政が支援してアグリツーリズム取り組むように

写真8-2　保全地役権の設定されたマツ林の脇を歩く

なりました。アグリツーリズムを実施すると、都市住民が農業体
験などのために農村地帯にやってくることになります。アグリツ
ーリズムを進めるうえで、郡行政は駐車場を整備するとともに、
農地の保全地役権の設定を進めてきました。保全地役権につい
て、当初は同意する農家はいなかったそうですが、今は、待ち行
列ができているそうです。ここでの保全地役権は、農地所有者の
開発権を郡行政が買い取ることで、農地・緑地を保全し、農家
は、権利の買取収入とその土地の税率が軽減されるという恩恵が
受けられます。また、来訪者に事故が起きた際の所有者の責任も
免除されるといいます。

　私たちは、オレンジ郡で農業を営む方の農地や森林も見せても
らうことができました（写真8-2）。これまで米国の農業には巨
大な機械を使った大規模農業というイメージがありましたが、こ

こで見たものは牧歌的な雰囲気で、景観を楽しみながらのんびり滞在してみたくなるような場所でした。森林としての保全地役権を設定したという場所は、植林された若いマツ林になっており、その脇の道を散策することができました。

3 米国における自然アクセスを実現するしくみ

■アクセスできる土地をめぐる制度の概観

　旅の仕上げに、どのようにして米国の自然アクセスが実現されているのか、整理してみたいと思います。米国の私的所有権の強さからすると、アクセスしやすいのは国公有地です。NC州でも、国公有地であることによって誰もがアクセスできる例として国立公園や公立公園があることが確認できました。

　ところで米国では、国公有財産によって市民が不便を強いられたり、損害を与えられたりする場合に行政側に責任があるとする公的ニューサンスという考え方があります（表8−3）[11]。国公立公園では、誰かが公園の価値を貶めるような行為をしたときに公園管理者はその迷惑を排除しなければならない、ということになります。つまり、適切に公園利用できるように行政当局が責任を持ちます。また、公有財産下にある自然は、公的主体が責任ある管理や運営を国民から信託されている、という公共信託の考え方もあります。この考えでは、国公立公園は市民から信託されて行政当局が管理を担っているということになります。ただし、これらの理論を活用した保全には、かなり多くの限界があることも指摘されています。

11）久末弥生（2009）「営造物型国公立公園における保護・利用・調整——アメリカの国公立公園を差材に」『北大法学論集』第59巻第5号、pp.534-464)、前掲神山注3）、前掲新澤注8）を基に筆者作成。

表8-3　米国の自然アクセスを可能にするしくみ

所有形態	法的基礎と方法	要点および細目
国公有地	公的ニューサンス理論	生活妨害排除を認める法理論
	公共信託理論	国立公園管理の法理論（とりわけ水域の保全理論の根拠）
民有地	土地収用	正当な保証なしに私有財産を公共の用のために収容する手法
	土地取得	文字通り土地の買い取りを通じた保全手法（古くから国立公園内の民有地取得がなされてきた）
	土地信託	土地信託または土地保全団体が、土地取得、保全地役権を設定し保全する手法
	土地交換	主として政府が、自然豊かな民有地と連邦所有地とを交換し当該地を保全する手法
	地方ゾーニング	公有や収用をするのでなく、地方ゾーニングにより、民有地開発を規制・保全する手法
	寄付	土地所有者からの寄付によって保全する手法
	環境保全地役権	開発権行為を抑止ないし不能にする地役権設定を行い保全する手法 （対象）森林、原野、景勝地、貴重な動植物の生息地、レクリエーション、教育に資する土地

　民有地もアクセスできる場所にする方法があります。これは、土地（自然）の保全をするための対策が前提にあり、それには相当なバラエティがあります。まず、政府による土地収用です。ウェイク郡のブルージェイ・ポイント公園は、飲料水確保と湖周辺の保全のためにフォールズ湖一帯が強制収用されたものでした。強権ではなく、自由市場での土地取得もまた、自然アクセスの実現においても有力な手法ですがコストがかなりかかります。米国では、土地信託（Land Trust）が社会運動として進められ、現在までに2471万5203ヘクタールにおよぶ土地が保全されています[12]。NC州においても複数の土地信託があり、Land Trust

Alliance のデータベースによれば、これまで同州では61万6495ヘクタールが保全され、うち約80％の48万5623ヘクタールの土地、加えて、約9761マイルのトレイルが公衆に開かれています[13]。その他の保全手法として、どの程度が公衆アクセスの道を開いているかは定かではありませんが、連邦政府有地を保全上重要な民有地と交換する手法、連邦政府主導の地方ゾーニングによる手法、寄付などがあります。

　保全地役権については第2節でも見ましたが、全米レベルでも一般的で、また重要な手法だと認識されています。NCED（National Conservation Easement Database）という保全地役権に特化したデータベースが、その情報をかなり詳細に公表しており、これによると、全米で設定されている保全地役権は20万1525件、総保全面積は1356万8174ヘクタールにのぼっています。私たちの旅では、地域独自の取り組みも見ることができました。オレンジ郡環境・農地・公園・レクリエーション課（DEAPRA）において保全業務に携わってきたキム・リヴィングストンさんに農地保全策とその延長線上に据えられた保全地役権について話を聞くことができましたので少し立ち入って見ておきます。

■オレンジ郡の農地保全から自然アクセス拡張への試み

　NC州には、農地保全を進める自発的農業保全地区（以下、VAD：Voluntary Agricultural Districts）のプログラムが進められています。この政策は、農地の買い上げや保全地役権設定などの「強い保全策」でありません。VADを結んだ農家は、農地以外

12）詳しくは、Land Trust Alliance のウェブを参照のこと。https://landtrustalliance.org/why-land-matters/land-conservation/about-land-trusts
13）NC州内の土地信託については、次を参照。https://landtrustalliance.org/land-trusts/gaining-ground/north-carolina（2023年6月28日閲覧）

の利用・開発行為は10年間できなくなりますが、そのかわりに、先に見たアグリツーリズムやさまざまな農業指導や補助を行政から得ることができます。農家にとってとくに大きなメリットは、非農家の近隣住民たちによって起こされる可能性のある「迷惑訴訟」からの保護です。農業はトラクターの騒音や施肥の臭いをともなうので、訴訟にいたってしまう前に、行政が認定農地上や沿道に認定標識を建て公的にオーソライズされていることを示したり、市民に向けて農地保全と農業振興の大切さを伝える活動を行ったりしているのです。キムさんは、農家にとってハードルの低いVADを窓口にして、保全地役権設定による恒久的な農地保全に向かうように誘っていると話してくれました。それを後押しするのが、2000年からオレンジ郡が独自に取り組んでいる Land Legacy Program（以下、LLP）です。農地に限らず、クリークや河川緩衝地帯、自然度の高いエリア、伝統的農家やそれらの織り成す景観や文化など、幅広く保全の対象にしています。LLPにより、これまで18農場が保護され、7つの新しい公園用地が取得された一方、エノ川流域をはじめ約240ヘクタール以上の自然保全に成功しています[14]。

■自然アクセスへの市民の貢献

　NC州の各所をめぐるなかで、受益者である市民がアクセスできる場所の維持や改善に積極的な参加が垣間見られ、印象的でし

---

14) "Orange County North Carolina Summary of Agricultural Resources" https://www.orangecountync.gov/DocumentCenter/View/1526/Orange-County-Agricultural-Resources-Brochure-PDF（2023年6月28日閲覧）。また、同郡の環境・農業・公園・レクリエーション課発行の "Orange County Lands Legacy Program"（https://www.orangecountync.gov/DocumentCenter/View/7664/Lands-Legacy-Program-Overvie）には、2017年末まで保全対象地情報の一覧が示されている（2023年6月28日閲覧）。

写真 8 - 3　市民団体の活動紹介や活発な意見交換の様子

た。最後に、私たちが見聞きした市民参加の場面についても振り
返っておきたいと思います。

　私たちがブルーリッジ・パークウェイ国立公園のビジターセン
ターを訪れる前日、同公園内の施設に立ち寄った際、そこでは、
なにやら展示会のようなものが開かれていました。それは、国立
公園やその周辺で活動するさまざまな市民団体の活動紹介、交流
のためのイベントでした。団体ごとに30ほどのブースが立ち並
び、多くの人がブースの間を行き交っていました（写真 8 - 3 ）。
各団体は、環境保全や、自然教育、トレイル整備の取り組みを報
告し、ブースの前では盛んに意見交換が行われていました。

　ここでは紹介できませんでしたが、廃線となった鉄道敷地をア
クセスできる緑地にした例でも、市民の積極的なかかわりがうか
がえました[15]。沿線の市民は、土地保全の手立てを行政に働き

かけ、見つけたゴミを拾うなど、アクセスできる場所を維持するために積極的にかかわっていました。また、デューク・フォレストでは、市民ボランティアによる散策路の修復作業もありました。

　自然アクセスを享受するだけでなく、快適なアクセス環境の維持に貢献もしている市民の姿が見えてきました。こうして見ると、積極的にアクセス環境の保全にかかわる市民の存在やその活動も、自然アクセスを持続可能なものにするしくみの一つといえそうです。

（三俣学・齋藤暖生・神山智美）

15）かつて葉タバコ生産が盛んだったころ、これを輸送するために鉄道が使われていました。その鉄道跡地が今、アメリカン・タバコ・トレイルとして生まれ変わっています。以下を参照。https://triangletrails.org/american-tobacco-trail（2023年6月28日閲覧）

第 9 章

日本の旅の始まり

日本は自然アクセスに恵まれた国か

山梨県・大明見財産区有林内に設けられたフットパス

1 日本人の自然に対する眼差し

　これまで、欧米中心に、各国の自然アクセスをめぐる事情を見てきました。最後に足元、つまり日本の自然アクセスについて考えてみたいと思います。はたして、日本は自然アクセスに恵まれた国でしょうか、そうではないのでしょうか。どうやら、どちらでもある、というのがひとまずの答えとなりそうです。

　日本人は自然に親しみ、自然と共生してきた民族といわれることがあります。たしかに、その伝統が長くつづいてきたことを示すものが多くあります。たとえば、日本文学で最古のものの一つとされる『万葉集』では、人びとが野山でスミレやカタクリの花やワラビ摘みに親しんできたことがうかがわれます。「秋の七草」は、文学だけでなく、絵画や工芸作品のモチーフとなってきまし

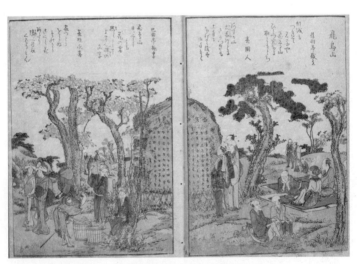

図9-1　江戸時代に物見遊山に興じていた人々

写真9-1　山への立ち入りを禁止する看板

たが、ここで数え上げられている草木の花は、庭に囲って植え付けられたものでも、奥深い森の中でもなく、人里近い野山に生育するものばかりです。つまり、身近な自然に人々がアクセスし、その身近な自然を愛でていた証拠といえるでしょう。

　まだまだ例はあります。江戸時代には、町の人々が町から野山に出かけて楽しむ「物見遊山」が盛んに行われました（図9-1）。近代になって、1914年に発表された唱歌「故郷」は、「うさぎ追いしかの山　小鮒釣りしかの川」の歌い出しが有名ですが、いかに親しみ深いものとして身近な自然があったのかを示している好例です。また、子どものころには、昆虫捕りに精を出した、親子で山菜やキノコを採って食べた、という記憶を持つ方も多いでしょう。

　ところが、今はどうでしょう。自然に親しむ以前に、気軽に立ち入ることのできる野山が思い当たらない、という人が多いので

はないでしょうか。ときには、誰も住んでいなさそうな山の入り口に、立ち入りを規制するような看板も見かけたりします（写真9-1）。第1章で、子どもたちが自然と触れ合う機会が減っている調査結果を紹介しましたが、こうした背景には、日本の自然はあまり人に開かれていない状況もありそうです。こうしてみると、かつては自然アクセスに恵まれていましたが、今はそうではない状況にある、といえそうです。これがどういうことなのかを考えていくのが、日本の旅のテーマです。日本の旅は、過去から今、そして未来を見る時間の旅でもあります。それでは、そもそも日本人の自然に対する眼差しはどうだったかを考える旅に出てみましょう。

2　自然の恵みを共に享受する考え方

　歴史的に、日本人は自然に親しみを持って関係を構築し、その利用の途をできるだけ多くの人々に開いてきました。たとえば、自然の恵みはある権力者たちが囲い込むのではなく、分け合って利用しなさい、という考え方が、為政者を含め共有されていました。『養老律令』の雑令にある「山川藪沢之利　公私共之（せんせんそうたくのり　こうしこれをともにす）」は、そのことを物語るものとしてよく引き合いに出されます。為政者や権力者の「公」も、庶民も「私」も、互いに配慮し合って自然を乱用せず、「みんな」で共用するという原則を表明したものといってよいでしょう。

　このように自然を「みんな」で使うということと並んで、日本人は自然と融和し、一体化してきたといわれます。哲学者の内山節は、天台本覚思想にある「一切衆生　悉有仏性」さらに最澄の「草木国土　悉有仏性」という考えを紹介しています。「草木」だけでなく自然界すべての生き物、土、水、岩、自然の中に仏性が

宿るととらえる日本人の自然観が示されています[1]。明治になり西欧思想が入ってくるまで自然は、「おのずから」「あるがまま」という意味で認識され、「しぜん」ではなく「じねん」と呼ばれてきたそうです。人以外の生き物（自然）は、「おのずから」なすままに生きて死にゆき、生きながらにしてすでに成仏している。しかし、人だけがそうでないというのです。唯一人は自分、つまり「私」という意識を持っているゆえに、年を重ねるにつれ欲にまみれ、「じねん」つまり自然との一体性を失い、大きく外れて彷徨うのだ、と。そして、成仏してようやく自然に還るのだ、と。

　このような見方に対する解釈はさまざまありえましょう。人は自然との調和を破壊するだけの存在であるというとらえ方もできます。一方で「じねん」から大きくはずれてしまわぬよう互いに制約を受忍する「山川藪沢之利公私共之」、つまり共同利用を選ぶ道を模索してきた、というとらえ方もできるのです。

　明治以降、そういった考えは大きく変化していきました。むしろ「じねん」からそれることこそが人間の進歩や発展であるといわんばかりに、自然を「粗放」で「野蛮」な対象「物」ととらえ、科学や工業など「人間の叡智」により資源化するようになりました。それは、西欧から学びとった科学や工学技術だけでなく、世界規模での市場経済の拡大とそれと軌を一に進んだ囲い込み（私的所有）によって、急速に進められていったのです。では、厳格な私有でなく、共同利用という「あいまいさ」を許容し、また相互に制約し合うような関係を基本とした「山川藪沢之利公私共之」とその底部を流れる「草木国土悉有仏性」の自然

1）内山節（2014）「日本の伝統的な自然観について――基層的な精神と現代の課題」『戦後思想の旅から』内山節著作集8、農文協、pp. 248-269。

観が、どのように変化し、そして現在どうあるのでしょうか。以下で見ていきましょう。

3　海辺の危機からの問い
　　——「浜辺は誰のものか」

　日本の自然アクセスは、1960年代以降に本格化した工業化時代によって、危機を迎えました。工場群によって、森、川、海が囲い込まれ、工業を支える資源として、また、廃熱や廃物を捨てる場所として利用・破壊されていったのです。その結果、森・川・海の生態は激変しました。長い歴史を通じて人々にとって豊饒さを与えつづけてきた陸と海の出会う浜辺はコンクリートのテトラポットで断絶されていき、そこは人々の近づくことのできない危険な場所になってしまいました。このような事態に直面し、工業社会そのものへの批判と方向転換を、自然アクセスの観点を含めて迫ったのが、浜辺を取り戻す入浜権運動でした。その激震地は、古くから白砂青松の美しい海辺で名を馳せた兵庫県高砂市でした。

　高砂西港で PCB が検出された危機感をもとに「公害を告発する高砂市民の会」が結成された1973年の段階にはすでに原状回復を望めないほど、海岸線は工場群に占拠され破壊されていました。同会は、浜辺へのアクセス道の設置や人工海浜の造成などを行政や企業に要求する一方、同じ運命をたどりつつあった他地域の海岸を守るべく立ち上がったのです。浜辺をめぐり繰り広げられた多様で無数の議論に通底しているのは、「自然は誰のものか？」という問いでした。いったん所有権を手に入れれば、その対象をどのように扱ってもよいのか、という私的所有権のあり方が問われたのです。

　彼らは、元来、自然は誰のものでもなく「みんなのもの」であ

ると提唱し、1975年に入浜権宣言を、翌年には全国集会を行い、浜辺の乱開発に抵抗したのです。彼らが法廷の場で対抗できるよう新しく権利化しようとした入浜権はどのようなものでしょうか。入浜権宣言から読み解くと、①浜辺の慣習利用、②防風林などの民法上の権利、③憲法が保障するよい環境下で生活できる国民の権利の３つで構成されています。①は、浜辺での散策、流木集め、浜辺の祭りなどの地域住民による慣行に加え、不特定多数による権利、つまり③も含まれています。②は海岸線の防風林は林野における入会権に相当する民法上の強い権利（共同所有権）が存在するはずとするものです。③は、日本国憲法の第13条の幸福追求権ないしは第25条の生存権にかかわるものとして、景観、釣り、遊泳などで浜辺を愛でる地域住民を含む不特定多数の人たちの権利で環境権に相当するものです。

　この入浜権の存否をめぐって裁判が行われたのは、高砂市ではなく、愛媛県長浜地区（現在の大洲市）でした。肱川河口部での浜辺埋め立てによる漁港拡張工事に反対する住民が入浜権の存否を争点として、工事実施者の長浜町に対し差し止めを求めた訴訟（長浜裁判）でした[2]。判決は海で釣りなどを楽しむ不特定多数の人々の権利はもとより、一部を除き海辺を利用してきた地域住民の権利さえ認められませんでした。その根拠は「一般に、海水浴場である一定の海岸および海面は、国が管理する自然公物であって、付近住民らが海水浴ができるのは、国がその利用を禁止しな

2）長浜裁判の判決を受け、慣行の証明による地域住民の入浜に対する権利構成を一つの方向に見出した法学者・淡路剛久の提起もあり、住民への入浜慣行の経験を聞き取る調査もなされた。住民はかねてより日々の食卓にのぼる小魚、貝類や藻類の採取はもとより、「シンガサンニチ」と呼ばれる祭りや「尻つけ」などと呼ばれる民俗行事、海にかかわる在地の信仰など、地先の住民たちが高砂の海と多様なかかわりで深く結ばれていた事実が明らかになった。

いで許していることの反射的効果にすぎない」ものであり、また、「一般に解放せられた自然の景観美を楽しむことは、いつでも、誰でもこれを成し得るのであるから、これを権利ということはできない」というものでした。万人が有する権利だけでなく、長浜町民でさえ海水浴場の景観美を享有することに法的な権利性がないとされたのです[3]。日本には、万人の自然アクセスの法的な権利性は認められてはいません。この入浜権否定の判決後しだいに衰退していったのでした。

とはいえ、万人の自然アクセスを争点とするこの運動が、同地区の住民や漁師だけでなく、釣り人らをはじめ浜辺を愛する人みんなの間で広がり議論されたことは特筆しておかねばなりません。たとえば、『朝日ジャーナル』や『月刊観光』（日本観光協会）、『釣りサンデー』（1976年、小西和人により創刊）などでも、特集が組まれ、頻繁に記事になっています。漁業権買収を通じて浜辺の埋立て可能にした公有水面埋め立て法を盾に進んだ浜辺の乱開発を前に、研究者の間でも、多様な学問分野におよぶ無数の議論がなされました。同運動の中核を担った高崎裕士牧師はもとより、同地での入浜慣習の存在を掘り起こすべく高桑守史、谷川健一などの民俗学者、それら入浜慣行を法的に構成する可能性を模索した淡路剛久、経済学者・玉野井芳郎や室田武など分野横断的な議論や研究が進捗しました。

入浜権を含む環境権の確立に向け、海外での動向を探る研究もまた、この運動を契機に萌芽しています。本書でも訪ねた北欧・中欧（ドイツ・スイス）について、たとえば、史実や判例などから自然アクセスの現状を明らかにしようと試みた法学者・阿部泰

3）淡路剛久・谷川健一・華山謙（1978）「長浜町 '入浜権' 判決をめぐって」『ジュリスト』第671号、pp. 126-136。

隆氏による一連の研究などです[4]。

　次に、海を離れて森にわけいって、ここ数年の動向に触れてみたいと思います。

4　伝統的コモンズを拓く自然アクセスの試み

　第1章で触れた伝統的な入会を継承する森を舞台に、都市住民に自然アクセスを開き、地域内外の人たちに森に関心を持ってもらう試みがあります。それは、2005年豊田市との合併した旧稲武町の財産区有林での試みです。9割に近い林野率をほこる旧稲武町には13の集落があり、それらすべてに財産区有林と呼ばれる地域共有の森があり、旧町内にある森林面積の6割を占めています。不運にも合併直後、豊田市と稲武13財産区の間で深刻なトラブルが起こり、本章筆者の三俣と齋藤は、地域の方々とこの問題の打開策を考えました。要点だけ述べますと、合併直後、豊田市の監査による「指導」により、13財産区は森林からの収益を各地区で自由に使うことができなくなったのです。これにより、13財産区それぞれでつづいてきたさまざまな自治活動が滞るようになっていきました。2011年3月、豊田市財産区まちづくり支援条例を新たに制定することで、合併前に近い自治活動が財産区の財源から支出できるようになりました[5]。豊田市と財産区との間のトラブルはとても深刻なものでしたが、筆者らがこれと同じく危惧

---

[4] 北欧および西ドイツのアクセス権について、同氏は1979年に次の論文を含む3本を公表している。阿部泰隆（1979）「万民自然享受権——北欧・西ドイツにおけるその発展と現状①」『法学セミナー』第23巻10号、pp. 112-117。また、入会権運動をめぐる膨大かつ貴重な関連資料（高崎裕士氏によって独自に作成された新聞・雑誌のスクラップや手記、写真、動画記録を含む）が、同氏によって、2003年5月、兵庫県立大学姫路新在家学術情報館（入浜権運動関連資料）に寄贈されている。

していたことは、旧稲武町の合併後の人口減少と高齢化による森林管理の問題です。合併前5000人を維持していた人口は2023年2月現在、2045人（945世帯）にまで減少し、ある地区では自治区どうしの合併の議論まで出てきています。

　このような人口減少は、地元企業にも大きな影を落としています。働き手が確保できないのです。地元企業でトヨタ車の内装を主に手掛けるＴ工業株式会社が、2014年、豊田市の補助金を得て、若手のＩターン者獲得や交流人口や関係人口の増加を目指し、マウンテンバイクコースの整備の事業に着手しはじめました。その際、Ｔ工業株式会社のＦさんが注目したのが財産区の森でした。財産区の森は村山ゆえに比較的大きな面積を持っており、かつ財産区（特別地方公共団体）との契約さえとれれば、複数の私有林所有者との交渉をせずともコースが整備できるからです。ＦさんはＩ財産区と話し合いを持つ一方、予定コース内の地権者とも交渉にあたり、バイクコースをつくったのです。同財産区内の林内でマウンテンを楽しむバイカーたちは、同財産区で年間数回行われる山林清掃や保育などの共同作業にも参加しはじめました。しかし、このＩ財産区での試みは当事者では解決不能な事案が発生し頓挫しましたが、Ｆさんは、Ｉ地区よりもさらに人口減少と財源に苦しむＮ財産区においてバイクロード整備を進めたのです（写真9-2）。

　Ｆさんをはじめ、Ｉターンや農業支援を行う OPEN INABU、豊田市稲武支所（旧稲武町役場は合併後、豊田市稲武支所として豊

5）問題の経緯はもとより条例による同地区の解決策についての課題や限界については、次の論文を参照のこと。三俣学・齋藤暖生（2016）「愛知県豊田市稲武13財産区自治の軌跡と課題──条例制定による'自治'回復の諸問題」奥田裕規編『'田舎暮らし'と豊かさ』日本林業興業社、pp. 65-99。

写真 9-2　稲武 N 自治区に設けられたマウンテンバイク道
（2022年11月）

田市の出先機関として機能している）の協力もあって、2018年 I 地区は、T 社の主催するマウンテンバイク・トレイルツアー（MBT）を受け入れることになりました。社員獲得を目指しはじめたこの事業によって T 社は、7名の新人を獲得しました。ユニークなのは、自動車内装などの工場業務だけでなく、マウンテンバイクのツアー企画や指導の仕事も、新規社員の業務内容に組み入れた点です。バイカーはコースを走るごとに N 自治区に1000円の寄付するとともに、マウンテンバイク愛好者らといっしょに同地区の山林巡視や軽微な作業を行っています。稲武地区においても親子で、この MBT に参加する人たちもおり、マウンテンバイクを通じた交流が N 自治区での森で進んでいるのです。

自治区の人がツアーに参加する場合、寄付金の減免をする工夫も
なされています。

　2022年11月現在、コースはいずれも、財産区有林外に敷設され
ていますが、近い将来、財産区有林内にも拡張する計画で、Ｎ
財産区のお役（財産区民による共同の仕事。たとえば森や林道の手
入れなど）参加のかたちをつくりたい、とＦさんは語ってくれま
した。一方、Ｎ区長のＨさんもまた、このような試みを歓迎し
ており「正直、地域が助かっている」と語っています。多くの地
域的課題を前に、バイクという形での自然アクセスを通じたこの
試みが今後、どのように地域内外の協働や交流を生み出していく
のかを見守りたいと思います。

■道をつなぐ──山に囲まれた京の都をトレイルで結ぶ

　農山村ばかりでなく、都市においても、自然アクセスを広げよ
うとする動きが見られます。近年、多くの注目を受けて拡大して
きたフットパスやトレイルづくりの各地での展開はその典型とい
えるでしょう。フットパスといえば、第5章で見たように、英国
には地主との格闘の末につくられてきた歴史がありますが、そう
いった展開とは異なる日本においても、学ぶところの多い英国フ
ットパス関連団体との交流が近年盛んになっています。

　さて、都市の自然アクセスの旅先として、京都一周トレイルを
見てみましょう。このトレイルは、ほぼ四方を森に囲まれた京都
市を一本のトレイルで歩くことができるようつくられました。京
都市さまざまな名勝からほどなくアクセスできる森をぬけるトレ
イルを張り巡らせる計画は、今からおよそ30年前の1991年まで遡
ります。京都市健康都市構想の実現に向けた「平安遷都記念事
業」において、京都市が一般社団法人京都府山岳連盟に助力を得
て、1993年、以下で述べる東山コースの一部が「京都一周トレイ

ル」として産声を上げました。トレイルは大きく2つにわかれています。一つが伏見桃山から北上し、五山送り火で有名な大文字の火床、そこから北進して比叡山、大原、そして西進し鞍馬から徐々に南下しながら高雄、嵐山、西芳寺（苔寺）にいたる全長約83.3kmのコース。もう一つが北山スギで名を馳せる京北地域（旧京北町）の全長約48.7kmのコースで、総延長は122kmにおよびます。前者はさらに東山コース・北山コース・北山西部コース・西山コースの4区分され、京北コースと合わせ、それぞれに標識、見どころ、トイレ、迂回経路、そしてトレイルを楽しむうえでのマナーなどを記した日本語版の地図に加え、外国人用の英語ダイジェスト版地図も発行・発売されています。それぞれ一部500円（西山トレイルは300円）で書店やスポーツ店で入手できます。地図の販売収益は、京都一周トレイルの管理費用の「稼ぎ頭」であるほどの人気商品です。これだけではトレイルに要する費用は賄えないので、京都市、京都府山岳連盟、京阪電気鉄道、西日本ジェイアールバス、京都市交通局、京都大阪森林管理事務所、京北自治振興会、京都市観光協会から構成されている「京都一周トレイル会」が資金面で助力しています。

さまざまなコンフリクトを防ぐための調整の努力　これだけ長い距離のトレイルを歩ける状態に保つためには、トレイル設置前のみならず継続して多大な努力と調整が必要になります。というのも、トレイル上やトレイル沿いには、私有地や私有林も含まれているので、所有者がトレイルとしての利用を許可したとしても、利用者との間で発生するトラブルなどをうまく調整し処理できなければ、土地所有者がトレイルを封鎖してしまう可能性があるためです。無数の調整のごく一例にすぎませんが、北山コースの一部では（標柱番号68-76）は、マツタケシーズンの9月25日から11

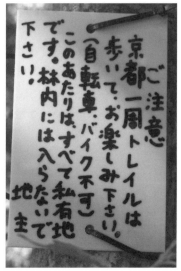

写真 9-3　マツタケシーズンの立ち
　　　　　入り禁止と迂回路を示す
　　　　　掲示（2018年 5 月）

写真 9-4　乗り物での林内立ち入り
　　　　　を禁ずる所有者手書きの
　　　　　標識（2018年 5 月）

月10日まで、地権者に配慮して通行不可となります。同期間中、
当該コースには迂回コースが設定されており、そのコースのみを
使うようにトレイル上での標識によって、またトレイルマップに
も掲載することによって、来訪者の誘導をはかっています（写真
9-3）。

　こういった特定の場所や期間に限らず、所有者の好意があって
はじめてトレイルとして使用できることを利用者に知らせるため
に、上述した各コースのマップの裏面には、「コースは山林や住
宅地の中を通っています。農業、林業などの支障になることや、
住宅地にお住いの方の迷惑になることは絶対に行わないでくださ
い」という見出し文につづき、「住宅地では静かに」、「コース以
外には立ち入らない」、「山の財産を荒らさない」など、所有者を

はじめとする地権者を意識したものを含むマナーが9点記されています。実際のトレイル上にも、これに類する内容の注意を促す掲示が随所にあるのです。所有者らも、そのような意思表示を行うことで、利用者とのトラブル回避を行っています（写真9-4）。

トレイル管理とそれを支える人たちの広がり　トレイルには日常的管理が必要です。というのも、トレイル自体が雨風や歩行圧などで崩れてしまったり、トレイル沿いの樹木の繁茂や台風などでトレイル上をすっかり覆ってしまったりするからです。なので、随時変化するトレイルの状況を知るためには、定期的な巡視が必要なのです。加えて、トレイル利用者のトイレ確保、来訪者のマナーの問題、トレイルへのアクセスポイント周辺住民からの苦情など、トレイル運営には問題が尽きません。アクセスポイント周辺住民や土地所有者と利用者の間でのトラブル管理も重要になります。京都一周トレイルの事務局・京都市産業観光局観光MICE推進室が苦情対応などにあたっています。土地所有者と利用者の間のトラブルは、ハイカーやトレイルランナーなどによる大規模かつ商業目的のイベント時に起こりやすいため、主催者に対して通知を事務局に行う、あるいは警察に届け出るよう呼びかけているそうです。また、遭難などの対応にもあたる必要もあります。
　実際のトレイルのハード面で管理作業の中核を担っているのは、京都府山岳連盟の「京都一周トレイル委員会」です。前京都トレイル委員会会長のMさんと京都市観光課MICE推進室職員からの聞き取り調査（2016年9月26日実施）によれば、2016年時点で委員会のメンバーは19名で、そのうち3名が病欠でした。16名で広大なトレイル管理はたいへんです。そのような苦境の中で、トレイルランナーの若い人たちがトレイル管理の作業に加わ

りはじめたことは興味深いことでした。同じように山が好きであっても、ゆっくり歩くハイカーと時間を競うランナーは、ともすれば対立関係になります。さらに頑強なバイクで高速で走るマウンテンバイクバイカーとなればなおさらです。ところが、京都一周トレイルでは、ハイカーとランナーが対立関係ではなく、協力関係を構築し整備活動を共同して行っているのです。いったいどういった経緯でこのような動きが生み出されてきたのでしょう。

　上述のMさんとトレラン選手のNさんからの聞き取り調査から、すこしずつその経緯がわかってきました。2016年現在36歳のNさんは、京都市内のとあるフィットネスクラブでインストラクターを務める著名なランナーで、自然を舞台にじつに幅広い活動をされています。そんな彼がトレイルを走っているある日、整備作業に汗するトレイル委員会の方たちに遭遇し、対話がはじまったそうです。Nさんは、普段トレイルを快適に走ることができるのは、こういった整備活動の賜物だと知り、トレイル委員会の人たちに導かれながら、定期的に作業に加わるようになりました。やがて、N氏がフィットネスクラブなどで声をかけると賛同者の輪が広がっていきました。京都府山岳連盟下にあるトレイル委員会の活動をグループとして行うためには、同連盟への団体加盟が必要になります。つまり、なんらかの法人格を必要とするのですが、Nさんはまず個人会員からスタートし、整備活動を通じて技術を磨く一方、徐々に仲間を増やしNPO法人Kyoto Woodsを立ち上げ、同連盟の正式会員になりました。もちろん、Kyoto Woodsは、京北コース「京北の森を走る」イベントも活発化させトレイルランニングの普及も精力的にはかっています。次に具体的な内容を現場に即してトレイル整備の様子を見ていきましょう。

**写真9-5　トレイルランナー・グループとベテランのトレイル
委員会メンバーによるトレイル整備（2017年7月）**

協働で進めるトレイル整備　筆者（三俣）は、2017年7月6日、ト
レイル委員会の実施した西山コースの管理作業に参加させてもら
う機会を得ました（写真9-5）。午前9時に阪急嵐山駅に集合
し、その日整備を行う2カ所の整備内容について、上述したトレ
イル委員会のMさんから簡単な説明がなされたのち、2手にわか
れ、整備地に入りました。私の参加したグループの参加者は総勢
11名で、うち6名がトレイルランナーの方たちでした。トレイル
は、降雨時にいかにして水をトレイルから吐くことができるかが
重要になるそうです。というのも、トレイル表層を水が流れてい
くと、表土が削られトレイルが崩落してしまう危険が高まるから
です。トレイルへの水量や水圧が高くならないよう一定の方向に
水を吐き落とすための切り込みをトレイル表面に入れていくので

す。Mさんらはこの作業を「水切り」と呼んでいました。西芳寺近くのアクセスポイント（標柱「西山50」）から松尾山を登っていく道中にも、水切りが失われているところや崩落しかかっているところがあり、水切り作業を中心に、トレイルの両側の樹木の状態を確認し、適宜、倒木・落下の恐れある危険な木や枝などを除去していきます。

先に述べた京都市とMさんへの聞き取り調査によれば、このような作業のほかにも、引き抜かれた標柱の補修、笹狩り、表示板変更、朽ちた標柱の撤去、巡視、水路拐取工事などがあり、2015年には、年間32回にわたって整備が行われています。

繰り返しになりますが、こういったトレイル整備の現場を担ってきたのは山岳連盟の「京都一周トレイル委員会」です。同連盟の会員の中で、トレイル整備に手を挙げる自主的な仲間たちが京都一周トレイル委員会を構成しているわけですが、メンバーは中高年齢の十数名です。こういった状況にあって、利用目的の相違から対立関係に陥るのではなく、トレイル管理の協働が実現していることの意味は大きいように思います。所有者が自然を愛でる範囲内で他者による利用の途を開き、利用者たちはありがたくその恩恵を受けるだけでなく、所有者には荷の重い管理に参画していくこのような動きの中に、森につながるフットパスをめぐる「新しいコモンズ」の萌芽を見ることができるかもしれません。

■自然アクセスの輪を広げることはできるか

すでに述べましたが、日本には、憲法、国際条約や宣言において、自然アクセスを含む環境権の確たる地位はありません。入浜権運動時代からその必要性が叫ばれながらも、乱開発を是正したり止めたりする環境法の不在は、他国と比しても遅れており、環境保全時代にあっては致命的です。とはいえ、自治体レベルの条

例によって環境権を認めていこうとする動きに期待をよせる見解（個別的環境権論）も見られることもたしかです[6]。本章で見た日本の自然アクセスは、条例レベルにまでもいたっていませんが、まさに個別具体的なローカルな世界における地域内外の人たちの協働・共感を軸として創造されようとしています。それはたしかに、法的には弱いといわざるをえません。しかし、権利として強固であれば、良好な「人と人との関係性」、「人と自然との関係性」を取り戻せるわけでもありません。それは、頑強な私的所有制下にある日本の放置人工林の悲劇が雄弁に物語っています。日常的な利用や慣習からその回復経路が生まれるとすれば、あるいは、その積み重ねが英国のように法体系に取り込まれていく可能性があるとすれば、自然アクセスの輪を広げ、人と自然のかかわりを結び直していくことの意味は決して小さくないでしょう。「じねん」や「山川藪沢之利公私共之」の思想が生かされるのか否か、つまりコモンズを生かしながら未来を切り拓くのか、あるいは葬り去って先に進もうとするのか。その正念場に私たちは立たされていると思えるのです。

（三俣 学・齋藤暖生）

6）大久保規子（2023）「環境権の国際的展開」『環境と公害』岩波書店、pp. 2-7。国連調査において、環境権の存在が認められているのは158カ国（このうち131カ国は憲法または法律で環境権を保証している）であるが、日本は未承認である。

第 10 章

旅の終わりに
「みんなの自然」への道筋

旅を終え、未来に思いを馳せる

1 初心者トラベラーの旅ノート
——人と自然を近づけるには

　欧州6カ国にアメリカ、日本とめぐってきた「みんなの自然」をめぐる旅、いかがでしたでしょうか。最後に旅の想い出を振り返りながら、あらためて最初の問い「遠く離れた自然を取り戻せるか?」について考えてみたいと思います。

　今回初めて自然アクセス制度の研究に参加した初心者トラベラーの筆者（石崎）がこの旅を終えていちばん感じたのは、欧米の自然アクセスが人々の日常の中にあるということ。なにも肩肘張って自然に接しているわけではなく、普段着でなにげなく親しんでいるような姿が印象的でした。そしてもう一つは、そんな人々と自然をつなぐ基盤にある自然アクセス制が多様なかたちをとって存在しているということ。国の数だけ解がある、そんな印象を受けました。人々の日常の先にあるからこそ、そのかたちも多様なのかもしれません。

　では日本は?というと、第1章では、若者の自然離れが嘆かれ、また自然体験が有料化されることで、世帯収入が低い家庭の子どもたちが体験の機会を失いがちだというショッキングな説が紹介されました。第9章では、頑強な私的所有権のもとで自然を求める人々が経験した悲劇も語られました。それでは人々の生きる力が失われる、だから日本でも欧米のような自然アクセス制を創り、人々が自然にアクセスする権利を守ろう!と議論を進めたいところですが、ちょっと待ってください。その前に、少し異なる目線で、日本の景色を眺めておきたいと思います。

　ここでご登場いただくのは、近くにアクセスできる自然があったとしても、その自然へのアクセスに関心を持たない人々。筆者の周囲には数多くいます。「人と自然がつながった理想的な状態」

が山の頂だとすれば、「関心があるのに阻まれている人々」は、山の中腹から山頂を目指している方なのだと思います。そして、そんな彼らの手前に広がる山の麓には、「そもそも関心の薄い人々」が大勢います。最初の旅ノートでは、そんな山の麓から、人と自然を近づける術について考えてみたいと思います。

■山の裾野に広がる光景

　筆者はここ20年近く、ある地方の小都市で子育てをしてきました。小、中、高とも公立校。第1章で紹介された意識調査の対象者と同じです。そこで一保護者としてイマドキの子ども事情を見ていておどろいたのは、歩くという行為が日常から遠のく子どもたちの姿でした。学校遠足といえば目的地までバス移動。長距離なんて歩きません。たまに学校から1、2km離れた自然エリアまで歩かせようとすると、途中でギブアップする子のために教員が数台の車で併走しなければいけないといいます。そもそも親も歩きません。地方なので車社会です。徒歩圏内なら歩いていくという親はマイノリティ。一方で、習い事は盛んです。子どもたちはサッカーに水泳に英語にとスクール通いに忙しく、親は車での送迎に忙しそうです。徒歩や自転車で通う子はマイノリティ。そんな子の親には「大事な子どもの送迎をしないなんて」と白い目で見られます。生きる力どころか、歩く力の行方が心配になってきます。

　学校教育では自然が大事と教えられます。エコという語も浸透しています。地方ですので少し歩けば自然はあり、車や電車などを使えばさまざまな自然体験オプションが広がります。駐車場代や電車代を除けばたいてい無料。それでも、好きこのんで子どもを自然に触れさせようとする家庭は一握りです。親自身がアウトドア派な家庭か、親が環境問題などに強い関心を持っている家

庭、お受験対策として「自然体験」を意識的に採り入れる家庭もあるようです。要するに、もともと楽しいと思っているか、頭で必要だと理解しているか、でしょうか。

世の中は、楽で刺激的なエンターテイメントにあふれています。普通に生活しているぶんには、自然と接点を持たずともなんの問題も起きません。むしろ嫌な虫を見ることなく、服も汚れず、怪我の心配も少なく、安全・安心・清潔・快適です。自然に接する必要性も動機もないのです。「自然への関心」は、そんな安全・安心・清潔・快適な空間から外へと引き出す力、強い動機がなければ得られない、希少な贅沢品となっているように思えます。

■人々を自然へと引き寄せる力

さて、ここから作戦会議です。山の麓の人々を安全・安心・清潔・快適空間から自然へと引き出しうる力とはなんでしょうか。そのヒントは、すでに山を登り始めている人々が持つ動機かもしれません。頭で考える必要性、心で感じる楽しさの2つです。

まず、必要性の認識。自然とのかかわりについて頭で考える必要性なんて……と眉をひそめる方もいるかもしれませんが、欧州の旅の途中で出会った古の人々は、思いのほか頭で考えた「大切さ」から影響を受けていたように感じます。ロマン主義、森の民としての誇り、故郷への想い、社会の変化への憂い。そんな思想や思考があって自然を求める気持ちが強まり、それを阻む現状に立ち向かう。その先に勝ち取られたのが自然アクセスの権利だった。そんな側面が多分にあったように思います。もし本書がそんな必要性を感じるきっかけとなったなら、執筆者一同、こんなにうれしいことはありません。

とはいえ、心で感じる楽しさがなければ、頭で理解していても

つづかない。関心を持つ層も限られてしまうでしょう。本書の旅の途中で出会った人々を思い出してみてください。皆さん、とても楽しそうに自然を満喫していましたよね。大人たちも。

　思えば筆者の住む日本の地方都市でも、就学前の子どもがいたころは、ときどきママ友と自然エリアに集まっては子どもたちを遊ばせつつおしゃべりを楽しんだものです。ただ、あのとき、自然を楽しむ主役だったのは子どもたちで、親は付き添いという立ち位置でした（実際には親たちのおしゃべりに子どもたちが付き合わされていたのかもしれませんが）。子どもたちが自分たちで遊べるようになると、ママ友と自然エリアで会う機会も減っていったような気がします。でも、筆者が欧州の旅先で目にした光景は違いました。自然の中で楽しんでいるのは大人たちのほうで、子どもたちはむしろ大人たちに付き合わされているといった光景をあちこちで目にしました。とくにパパたち。ときに小さな子を背負い、ときにチャイルド・トレーラーを牽引して、マッチョにアウトドアスポーツを楽しむ。子どもと遊ぶソリだって、パパのほうがヤル気満々。そんな大人たちとちょくちょく出会いました（写真10-1）。

　なにがそんなに楽しいって、人によってはフィットネスとしての充実感、人によってはスリル、人によってはベリーやキノコなどの幸でしょうか。でも、そこに加えて見逃せないのは、一汗かいた後のビールやスイーツの存在。大人たちを迎え入れるかのように、ビールの飲めるカフェや安全なキノコを確認するブース、効果的な運動を示す案内板といった仕掛けも散りばめられていました。おいしいビールが飲めるなら、行ってみたいと思うかも。本格的な自然愛好家からすると邪道に見えるかもしれませんが、自然という場でなにをするか、なにを楽しむかというオプションは、もっと多様であってよいのかもしれません。子育ても、自然

写真10-1　子連れでも、大人は本気で楽しみます

とのかかわりも、あまりストイックになりすぎず、自らが楽しむ
姿で魅力を伝えていく。そんな連鎖もあるようです。失われた30
年などともいいますが、戦後復興や経済成長、バブル景気が終わ
って失ったものの一つに、イキイキとなにかに熱中する大人たち
の姿があるように感じています。残念なことに、今の日本では、
とくに子連れの女性は自分たちを主役にして人生を楽しもうとす
ると厳しい視線を向けられることが少なからずあります。大人に
なって人生を楽しむ。そんな姿を子どもたちに見せること。ワク
ワク感を伝えること。それは子どもたちの未来を大事に思うから
こそ、大切にしていかなくてはいけないことなのかもしれない。
旅をしながら、そんなことを考えさせられました。

■気持ちの余裕

　本書での旅を振り返ると、自然アクセスをめぐる動きの初期には、比較的裕福な市民層が頻繁に登場します。彼らには、ある程度の経済的な余裕があったに違いありません。ただ、余暇時間の拡大とともに労働者階級などの庶民層でも広がったという話もあり、時間的な余裕があれば、経済的な余裕が大きくはなくとも自然アクセスを楽しめたようです。

　では、現在の山の麓の人々はどうでしょうか。スマホを愛用し配信動画に熱中する人たちも多くいますので、かならずしもお金や時間に余裕がないというわけではなさそうです。今、山の麓の人々が自然へアクセスする際にネックとなっているものがあるとしたら、それは、気持ちの余裕ではないでしょうか。自然とのかかわりがもたらすものは、常によいものばかりではありません。安全・安心・清潔・快適を追求するならば、それこそ除菌された冷暖房完備の室内でバーチャルな「自然」体験をするしかなく、相当な経済力が必要になるでしょう。身近に広がる自然でなにかを楽しもうとする場合には、自然での活動におけるリスクを知り、可能な対処をしたうえで、なお残るリスクは許容するといった、気持ちのうえでの余裕が必要になるでしょう。

　自然が通常もたらすリスクの許容は、自己責任。自然アクセス制を持つ国で採り入れられてきた原則の一つです。この原則を日本においても採用できるのか。これは少しチャレンジングな課題かもしれません。お客様は神様で、リスクのないサービスを受けるのが当たり前。とくに子どもは大事なので、「あらゆるリスクを極力避けさせたい」と思うのが親心かもしれません。でも親が永遠にサポートできるわけではありません。親やまわりの大人たちがサポートできる子ども時代にこそ、小さなリスクをたくさん経験して、自力で乗り越えていく練習を重ね、少しずつ強さや生

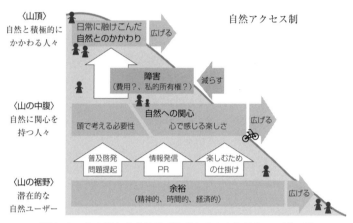

図10-1　山の麓から考える「自然とのかかわり」への道のり

きる力を身につけていくことは、いつか独り立ちする子どもたちにとって、とても大事なことです。自然の中で体験するワクワクやドキドキは、少し大げさな言い方をすれば「人生の学びの宝庫」なのかもしれません。

　さて、以上に見てきた山の麓に広がる光景から、これまであまり自然に関心を持ってこなかった人々を自然に近づけるヒントを整理してみましょう（図10-1）。まず、ベースとして、自然とのかかわりを持つためには、ある程度の精神的、時間的、経済的な余裕が必要になるでしょう。多少のリスクは許容するといった気持ちのうえでの余裕が持てれば、過度の経済的な負担なく楽しむことができるオプションが増えるかもしれません。一定の余裕がある人々が実際に自然への関心を持つための誘因となりうるのが、頭で考える必要性と心で感じる楽しさです。大切さやおもしろさ、楽しみ方を言葉や姿で伝え、楽しむための仕掛けも散りばめていくと、自然への関心を持つ人々の輪が広がっていくかもしれません。

こうして自然アクセスが人々の日常へ融け込んだ世界への道筋が見えてきたところで、次の問いにバトンタッチしたいと思います。社会として人と自然のかかわりをどのようにとらえていくのか、自然アクセス制をどのように創っていくのか、という問いです。

2 旅から考える自然アクセスの未来 ——自然アクセス制を創るには

　自然アクセスをめぐる旅をしてみると、一口に自然アクセス制といっても、じつにそのしくみはさまざまで、たどってきた道もさまざまだったことがわかりました。これからの社会で充実した自然アクセスを実現するためにはどうしたらいいのかを考えるうえで、この旅から得られるヒントはなんでしょうか。そんな観点から、今一度旅を振り返っていきたいと思います。

■そもそも、なぜ自然アクセス制が必要だったのか

　私たちが旅をした国々では、自然アクセスは必要なものだ、という一定の了解があるといえるでしょう。

　とくに、自然アクセスが否定される状況を経験したところでは、自然アクセスを求める人々の大々的な運動も見られました。たとえば、英国ではコモンズの土地所有者がその土地を囲い込み、他者のアクセスを排除しようとしたことに対して、都市の労働者たちを中心に実力行使をともなった抗議運動が展開されました。産業革命を経て、労働者として都市に暮らす人々にとって、休日の緑地での息抜きは切実なものだったといえるでしょう。日本でも、海岸への人々の立ち入りが企業によって阻まれたとき、地元の漁業者や釣り人たちが立ち上がり「入浜権運動」を繰り広げました。ここでは、土地所有者のみの意思で自然や景観を壊す

ことができてしまう、という近代的な土地制度が抱える大きな問題が提起されました。システマティックに構築されてきた近代的な社会のしくみも、自然をめぐる扱いに関してはまだまだ未熟であることをあぶり出したといえるでしょう。

　一方、そのような大きな運動の起きなかったところはどうでしょうか。古くから慣習として誰もが自由に自然にアクセスできていたのを、そのまま継承しているのが北欧の国々でした。旅から戻ってから、万人権の歴史について調べてみると、スウェーデンでは万人権の存続について疑問が呈された時期もあるということがわかりました[1]。1800年代末から1900年代初頭にかけて、輸出商品としてベリーの商品価値上昇したときのこと、ベリー採取を含む万人権が国会で議論の対象になったというのです。当時、効率的な採取器具も出てきており（第2章参照）、さらに道路整備や自動車の普及で森林へのアクセスが容易になりつつありました。そんななかベリー摘みは、森林所有者には、他者が自分の土地から収益を得ている、つまり経済的損失であると写りました。それで、所有者による囲い込みを確立し、万人権を認めるべきではない、というような議論が展開されました。これに対抗する意見として、土地を持たない人の生存権が主張されました。国会の議論では後者の意見が多数を占め、万人権廃止の意見は退けられました。今風に言えば、万人権には、社会のセーフティネットとしての役割が認められていた、ということです。

　もちろん、今となってはセーフティネットとしての意味合いは薄れています。それでも、旅先で見た光景からは、自然アクセス制は現代においても、いくつかの意義を見出すことができるでし

---

1) Sténs, A. & Sandström, C. (2013) "Divergent Interests and Ideas around Property Rights: The Case of Berry Harvesting in Sweden," *Forest Policy and Economics*, 33: 56-62.

ょう。まずあげたいのは、自然アクセスを享受する人々は、身近な自然に出かけることで、日々の暮らしを豊かなものにしていることです。家族で森を歩きながらおしゃべりすることは、かけがえのない団らんのひとときでしょう。ドイツでガシガシ歩いた後にカフェで飲むビールは、想像するだけで喉が鳴りそうです。森で摘んだベリーでつくったジャムはたんなる保存食ではなく、食卓の彩でもあることでしょう。

　次に、スウェーデンで野外生活（フリルフッツリブ）が、哲学的な意味を持っていると考えられているように、自然にアクセスすることは、人間にとって生きるための根源的な活動といえるかもしれません。ドイツで好まれているヴァンデルングが広がった背景には、若者たちの「生の根源への回帰」の希求がありました。凍った湖の氷が割れても助かる術を体験させるノルウェーの例は、少々手荒すぎはしないか、とは思いますが、自己責任で自然と付き合うことは、私たちに人間としての生存能力を育む貴重な機会になっているように思われます。

　社会全体にとっても意味がありそうだ、と思えることもあります。スウェーデンでは、万人権があることで、旅行者も存分に自然体験ができるため、それを売りにして旅行者を呼び込もうという思惑がありました。米国ノースカロライナ州の近郊農村でも、アグリツーリズムの取り組みがありました。自然と触れられる場や機会を用意することは、地域社会にとって新たな収入源を得る手段となりうる、ということを示しています。

　また、自然に親しむ人々は、自然を大事にすることが期待できます。フィンランドなど北欧では、人々の自然アクセスが環境保全につながると考えられており、万人権の普及啓発は環境政策の中に位置づけられています。日本の入浜権運動を主導したなかに生業として漁業を営んでいた人々だけでなく、釣りを通して浜に

親しんでいた人々も含まれていたことは、市民であっても環境保全の担い手になりうることを示しているといえるでしょう。現代社会において自然アクセスは、私たち個人の人生を豊かにする基盤となり、また、社会全体で自然の恵みを享受し、自然を豊かに保つうえでも大きな意味を持っている、ということが見えてきました。

■ **どのように自然アクセス制が実現されているか**

　それでは、どのようにすれば私たちの自然アクセスが保障されるのか、を考えてみましょう。旅先で出会った自然アクセスのしくみはじつに多種多様ですが、大きく分けて、法律などで規定されている、つまりしくみが「見える化」されている場合と、表立っては見えにくいしくみがあります。

法律などで制度化する　法律によって所有者以外の人々のアクセスが保障されている国としては、ノルウェー、スウェーデン、フィンランド、英国、スイス、ドイツがありました。このうち、ノルウェーと英国では、明確に不特定多数の人々の権利として自然アクセス権が定められていました。ノルウェーでは、野外生活法という法律の中で「万人権」が規定され、それによってどこでなにができるのかが明確にされています。英国では、1932年の「歩く権利法」で歩く権利が規定されたのを皮切りに徐々にアクセスできる範囲が広がっていき、「2000年歩く権利法」ではフットパス上だけではなく、コモンランドに面的にアクセスできる権利が認められるようになりました。

　不特定多数の者の権利を直接的に規定しないものの、自然環境において許される行為を定めることで、間接的に自然アクセス権があると解される国もありました。スウェーデンやフィンランド

では、刑法で窃盗に当たらない事項として森林でのベリー類の採取をあげるなどして、いくつもの法律の規定が、結果的に「万人権」を形づくることになっています[2]。スイスでは連邦法と民法典で、ドイツでは連邦森林法で、不特定多数に認められる行為として森林への立ち入りなどが認められています。これも権利を直接的に定めていませんが、実質的に不特定多数の自然アクセスを保障することになっています。

　場所は限定されますが、公共の公園にすることも、すべての人々に自然アクセスを保障する方法といえるでしょう。米国では国立公園、州立公園、さらには郡立公園や保全地区まで、さまざまな行政レベルで自然公園が設立され、人々の自然アクセスのために開放されていました。考えてみれば、日本にもたくさんの自然公園があります。遠く離れた国立公園に行かなくても、市町村が森林公園を整備している場合も少なくありません。一度、住まいの近くにある森林公園を調べてみるのもよいかもしれません。

　米国では、やや特殊なしくみが広がっていました。それが土地信託（トラスト）や地役権の設定で、土地所有権そのもの、あるいは一部（開発する権利）を契約によって買い取るかたちで、自然を残し人々がアクセスできるようにするしくみが可能となっていました。とくに地役権のしくみからは、十全な土地所有権があることを前提にしていても、細かな条件を設定して契約を結ぶことで、自然をみんなのものとして開ける可能性があるのだ、ということを知ることができました。

　以上は、不特定多数がアクセスできるかどうか、という観点で

2）以下も参照。嶋田大作・齋藤暖生・三俣学（2010）「万人権による自然資源利用──ノルウェー・スウェーデン・フィンランドの事例を基に」三俣学・菅豊・井上真編著『ローカル・コモンズの可能性──自治と環境の新たな関係』ミネルヴァ書房。

見たしくみですが、アクセスできるとした場合、人々ができること、してはいけないこと、すべきことがどのようにしくみとして決められているかも重要です。スウェーデンでは、自然を壊さないことと他者に迷惑をかけないことは、自然アクセスをする者が守るべき二大原則となっていましたが、これは他の多くの国にも当てはまるといえます。その原則に従って、具体的になにをやってはいけないのかが各国の法律等で決められていることも確認できました。たとえば、ノルウェーでは、雪が覆っていれば農地もアクセスできますが、夏の作物を作っている時期にはアクセスしてはいけないと定められています。

なにをしてよくて、なにはダメなのか、は一つの国の中でも地域によって事情が異なることもあるでしょう。そうした地域の事情の違いも反映できるようにしているのがスイスとドイツです。それぞれ連邦の法律の中ではおおまかなことだけを定め、たとえば、ベリーなどの林産物の採取がどこまで認められるのか、といったことを定めるのは州に委ねられています。米国の郡立公園や大学演習林で見たように、その場所で独自のルールをつくり、掲げることも有効でしょう。

忘れてならないのが、自然にアクセスして事故にあった場合、誰に責任があるのかということです。北欧の国々では、法律では定められていませんが、社会通念として、アクセスするものの責任であるということが定着しています。スイスやドイツでは、原則としてアクセスする側の自己責任であることが法律で規定されています。米国では、地役権の設定によって、所有者の責任を免除できるようになっています。所有者の立場にたてば、勝手に入ってきた人が事故に遭う責任まで問われるようでは、人々のアクセスに不安を感じるのは当然です。また、人としての生きる力を育むうえでも、リスクを自分が負って、自然の状態をよく見て対

処するということは、とても大事です。自然アクセスは自己責任で、基本的には所有者・管理者に責任はないと保障されることは、不特定多数に自然を開くうえでの前提といえるでしょう。

見えにくいしくみ　次に、おもてには見えにくいしくみについて見ていきましょう。すでに指摘したように、自然にアクセスする者が守るべき二大原則として、自然を壊さないことと他者に迷惑をかけないことがあげられます。これらが守られなければ、自然アクセスは「自然破壊行為」「迷惑行為」の源泉となってしまいます。そこで、先に見たように、法律やルールを定めてこの原則が守られるようにすることは大事ですが、これは、いわゆるマナーの問題でもあります。つまり、仮にルールがなくても、自然にアクセスする人がやってはいけないことなどをこころがけ、それを実行していれば、この二大原則を守ることは可能です。

　ノルウェーやスウェーデンでは、幼少期から、自然の中ではどのように行動すべきか、大人に教わります。実際に、スウェーデンで調査すると、幼少期に家族で自然にアクセスした際に教わったことが人々の規範に大きく寄与して、「自然破壊行為」や「迷惑行為」が回避されていることがうかがわれました。先に触れた、北欧諸国での「自己責任」に関する根強い社会通念も、自然アクセスを支えている「見えないしくみ」といえます。疑いようのない社会通念なので、ルール化するまでもない、ということなのかもしれません。

　利用者のこころがけについて少し付け加えるならば、英国の高地コモンズの入会権者連合会が出しているメッセージは印象的です。万人に開かれているランドスケープは、農業の営みによってつくられていることを忘れないでほしい、というものです。アクセスしようとする自然環境で生業を営む人、日々暮らす人、そし

て土地の所有者の立場も思いやれるようになると、自然アクセスはより社会的に認められやすくなるのではないでしょうか。

　自然にアクセスする場合、自然そのものが保全されていることは当然として、道などのインフラの維持も大事だったりします。ベリーを摘んだり、キノコを採ったりするには、森の中に分け入る必要もあるでしょうが、採取したい場所の近くまでは道を使うことになります。逆にアクセスが集中するような場所では、林地が痛むといった理由で、散策路内での活動が望ましくもあります。自然にアクセスするためのインフラの維持も、きわめて大事なことなのです。旅の中で印象的だったのは、アクセスするための道や道標などのメンテナンスを、利用者自らが自発的に担っている例が少なくない、ということです。スイスの Wanderwege は、今や全国組織が組織され、各地のハイキングルートと道標が整備されていますが、草の根的な活動が息づいています。米国では、各種のボランティア団体があり、国立公園の整備や大学演習林の中の散策路、長距離トレイルの整備や維持に一役買っています。日本でも、山中のトレイルやバイクコースを楽しみたい人たちが、土地所有者をはじめ地元の人たちとかかわりながら、自分たちで整備に取り組みはじめています。自分たちが楽しむ自然は、自分たちでなんとかできる部分があると思うと、希望が見えてこないでしょうか。

　自然アクセスは、法律やルールだけでなく、自然アクセスを楽しむ人々一人ひとりの行動によって支えられているといえるでしょう。むしろ、後者のほうが大事かもしれません。法律やルールで定められていても、自然の中でそれがちゃんと守られるかどうかは、一人ひとりの心がけしだいの部分が大きいのですから。森の中の道だって、それを楽しむ人自身によってつくり、維持することも不可能ではないのです。こうして見ると、自然アクセスを

楽しむ人の存在こそが、自然アクセス制の基盤といえます。私たち自身が自然に親しむことが自然アクセスのしくみをつくる、これが一連の旅から見えてきた大きなヒントでした。

3 自然アクセス研究の源流から未来を見つめる

　私たちの自然アクセス研究の源流に立ち返って、この旅を終えたいと思います。自然アクセス研究の原点の一つは、コモンズ論において先駆的に興味深い論点を投げていた法学者の故・平松紘さんの研究にあります。彼は、「日本では、ことさら私有地におけるアクセス権については正面切って議論されていない。国有地に公有地、公園とか遊園地に立ち入る権利はあるのだと誰もが思っているが、他人様の所有する財産にみんなが立ち入る権利がある、という発想は著しく貧弱といわねばならない」と語っています[3]。また、入浜権運動の際に展開されたものの立ち消えした万人権研究にも触れて、「日本では、このヨーロッパにおけるアクセス権、自然的享受権についての研究はきわめて少ない」[4]と。まさにこれからの研究だという意気込みを示していました。

　筆者（三俣）は、日本評論社から出版した『入会林野とコモンズ』（2004年）を送ったのをきっかけに、平松さんがお亡くなりになるまでのわずか1年ほどの間でしたが、何通かのお手紙や論考を送り合い、交流をさせてもらいました。平松さんの問題意識に共感するところが多く、2006年留学の機会を得た際には迷わず、今回の旅先の一つである英国に決めました。それ以降、本書の執筆者をはじめ、同種の関心を持つ人たちとの交流を通じて、

3）平松紘（1999）『イギリス緑の庶民物語──もうひとつの自然環境保全史』明石書店、p.194。
4）同上、p.195。

少しずつ進めてきた研究成果の一部が本書というわけです。

平松さんは、本書でも触れた日本の入会について、とりわけ、私的所有権への転換を前提とした入会権解消をはかる入会林野近代化法（1966年）を批判し、この道とは異なる「入会の近代化の道」はなかったのか、と私たちに問うていました。本書第9章で取り上げた豊田市の財産区の形態をとる旧入会林野におけるマウンテンバイカーたちの動きは、入会のたどりえたもう一つの道として、彼ならばどうとらえるだろう……。旅の終わりに、そういうことが筆者の脳裏をめぐります。

入会が、コモンズのメンバーが決まっているという意味で閉鎖型コモンズと呼ばれるのに対し、万人のアクセスを許容する本書で見た自然アクセス制は開放型コモンズと呼ばれます[5]。その多様さに終始、圧倒される旅でした。

ドイツやスイスのように、対象が森林に限定されているもの、北欧のように森から水辺までを包含するもの、米国のように開発の手を逃れた農地に保全地役権を設定し公衆にアクセスの道を拓くもの……。なしうる行為についても、散策のみを基本とするもの、採取まで可能なもの、動力付きの乗り物まで許容するもの……。北欧では遊牧民のサーメ人に配慮し、特定のベリーについては、アクセスの対象外とするなどの工夫。

所有を超え、人々が自然にアクセスすることのできる範囲や程度の差をして、コモンズの開き方、あるいは閉じ方（コモンズの開閉）と呼ぶならば、この違いは、各地域の自然はもとより、それを見る人々の眼差し、ひいては文化が大きくかかわっているはずです。その開閉状態を確たるものにする社会的装置として、法

5）嶋田大作・室田武（2012）「開放型コモンズと閉鎖型コモンズにみる重層的資源管理——ノルウェーの万人権と国有地・集落有地・農家共有地コモンズを事例に」『財政と公共政策』第32巻第2号、pp.2-15。

的な諸制度（法技術）が重要な役割を果たしていました。アクセスの場における人々の楽しみ方、振る舞い、加えて自発的な保全活動などは、本章第2節で述べた「見えにくいしくみ」として、現場に深く根を下ろしていました。このしくみが、ある程度まで通用するならば、慣習的に柔軟に運用できる、ということですので、きわめて重要な気づきのように思います。

　前述の平松紘さんの著作や論文をふたたび読みかえしていくと、かつての筆者（三俣）が赤の蛍光ペンでハイライトした次の一文に再会し、思わずため息が出ました。「イギリスの'歩く権利'や北欧のアクセス権の本質は法ではなく文化にある」[6]。法制度史を丁寧に追った平松さんとは異なり、私たちは現地での見聞きと来訪者へのアンケート調査による実態把握という道をとりながら、結論としては、同じような重要性に行き着いた、ともいえるでしょう。当時より「より確かさ」を持って、次を考えることができるのは喜ばしいことです。

　その次の一つとして大切に考えていきたいことは、彼の語る「本質」たる文化とはなにかということです。その一部は、各国で見た自然アクセスのしくみでありましょう。アクセスの際に立ち上がってくる利用者の規範の体系もまた文化といえるでしょう。自然アクセスが文化を創り出す一方、文化もまた自然アクセスを生み出し変容していきます。このように考えると、本書でも、かなり文化に触れることができたように思います。他方、本書では深く立ち入ることができませんでしたが、哲学や文学の世界における自然あるいは自然観というものは、まさに文化の象徴です。スウェーデンでは、子どもたちが雨の日も晴れの日も野外で楽しくイマジネーションを育む「森のムッレ」がありました。

6）平松紘（2003）「イギリスのコモンズ」『森の百科』、p.614。

文字が読める年齢になれば、モルテンの背に乗って旅をするニルス少年の童話の世界が広がっていました。本章の第1節で述べた「頭と心の双方でわかる」術を、妖精や児童文学、自然の中での児童教育に溶かし込むように一つひとつ創ってきた文化を垣間見た気がします。それは、各国、各地域それぞれに個性があり、唯一無二のハンドメイドである点にも心をとめておきたいのです。

文化は、一人の人間が生み出すわけではなく、幾人もの人の手により、創造されていくものでしょう。ある程度、人々のまとまりも必要になるでしょう。頭と心で理解するにも相互の助けが必要でしょうし、そこに他者との共感があれば、なおよいのではないでしょうか。そういった人たちのつくる集団が生み出す産物が文化だとすれば、すでに数世紀を生きてきた伝統的コモンズの中にも、各地域の文化が体現されているといってよいでしょう。ただ、第1章で説明したとおりそこでの営みは低下しつつあります。そういった状況にあって、伝統的コモンズが、村内外の人と人との協働を通して、隣接する私有地や私有林ともつながるかたちで、「新しいコモンズ」を創出していくことが重要になってくるように思います。日本におけるフットパスやトレイルづくりの挑戦は、その第一歩を踏み出す試みのようにも思えますし、今後、「みんなの自然」を創り出していくうえで、大きなヒントになるはずです。

そういった自然をめぐる人と人との協働の営み・試みの中に、文化としての「みんなの自然」への道筋が見えてはこないでしょうか。

（石崎涼子・齋藤暖生・三俣学）

索 引

■編著者紹介

三俣学（みつまた・がく）：愛知県生まれ。京都大学大学院農学研究科博士課程単位取得退学。現在、同志社大学経済学部教授。専門：エコロジー経済学、コモンズ論。著書：『入会林野とコモンズ』（共著、日本評論社、2004年）『コモンズ研究のフロンティア』（共編著、東京大学出版会、2008年）『コモンズ論の可能性』（共編著、ミネルヴァ書房、2010年）『エコロジーとコモンズ』（編著、晃洋書房、2014年）『都市と森林』（共著、晃洋書房、2017年）『森の経済学』（共著、日本評論社、2022年）ほか。（執筆章：1、3、5、8、9、10章）

■執筆者紹介

嶋田大作（しまだ・だいさく）：奈良県生まれ。京都大学大学院経済学研究科博士後期課程修了。博士（経済学）。現在、龍谷大学農学部准教授。専門：環境経済・政策学、農林経済学。著書：『コモンズ研究のフロンティア』（共著、東京大学出版会、2008 年）『コモンズのガバナンス』（共訳、晃洋書房、2022年）"Multi-level natural resources governance based on local community: A case study on semi-natural grassland in Tarōji, Nara," *International Journal of the Commons*, 9(2), 2015. ほか。（2 章）

齋藤暖生（さいとう・はるお）：岩手県生まれ。京都大学大学院農学研究科博士後期課程修了。現在、東京大学大学院農学生命科学研究科附属演習林樹芸研究所所長。専門：森林政策学、植物・菌類民俗。著書：『森林と文化』（共編著、共立出版、2019年）『森林の歴史と未来』（共著、朝倉書店、2019年）『東大式 癒しの森のつくり方』（共著、築地書館、2020年）『森の経済学』（共著、日本評論社、2022年）『コモンズのガバナンス』（共訳、晃洋書房、2022年）ほか。（4、8、9、10章）

石崎涼子（いしざき・りょうこ）：北海道生まれ。筑波大学大学院生命環境科学研究科修了。博士（学術）。現在、国立研究開発法人森林研究・整備機構森林総合研究所 チーム長。専門：森林政策学。著書：『公私分担と公共政策』（共著、日本経済評論社、2008年）『水と森の財政学』（共著、日本経済評論社、2012年）『森林未来会議』（共編著、築地書館、2019年）『森林を活かす自治体戦略』（共著、日本林業調査会、2021年）ほか。（6、7、10章）

神山智美（こうやま・さとみ）：岐阜県生まれ。名古屋大学大学院環境学研究科博士課程満了。2021 年 7 月に博士（法学）を明治学院大学大学院法学研究科で取得。現在、富山大学学術研究部社会科学系（経済学部）教授。専門：環境法・行政法。著書：『自然環境法を学ぶ』（文眞堂、2018年）『行政争訟入門 第 2 版』（文眞堂、2021年）『種苗法最前線』（文眞堂、2022年）ほか。（8 章）

＊出所名のない写真は執筆者撮影による

自然アクセス──「みんなの自然」をめぐる旅

2023年10月10日　第1版第1刷発行

編著者──三俣　学
発行所──株式会社日本評論社
　　　　　〒170-8474　東京都豊島区南大塚3-12-4
　　　　　電話03-3987-8621（販売）：8595（編集）
　　　　　振替00100-3-16　https://www.nippyo.co.jp/
印　　刷──精文堂印刷株式会社
製　　本──牧製本印刷株式会社
装　　丁──銀山宏子
検印省略 © MITSUMATA, Gaku, 2023
ISBN978-4-535-58765-6　Printed in Japan